无公害蔬菜病虫害防治实战丛书

辣（甜）椒疑难杂症图片对照诊断与处方

第2版

孙茜 潘阳 主编

中国农业出版社

图书在版编目（CIP）数据

辣（甜）椒疑难杂症图片对照诊断与处方/孙茜，潘阳主编．—2版．—北京：中国农业出版社，2015.11（2018.1重印）

（无公害蔬菜病虫害防治实战丛书）

ISBN 978-7-109-21149-0

Ⅰ．①辣…　Ⅱ．①孙…②潘…　Ⅲ．①辣椒–病虫害防治　Ⅳ．①S436.418

中国版本图书馆CIP数据核字（2015）第266425号

中国农业出版社出版

（北京市朝阳区麦子店街18号楼）

（邮政编码 100125）

责任编辑　张洪光　阎莎莎

中国农业出版社印刷厂印刷　　新华书店北京发行所发行

2016年1月第2版　　2018年1月第2版北京第3次印刷

开本：880mm×1230mm　1/32　　印张：3.5

字数：82 千字

定价：20.00 元

编 著 者

主　编　孙　茜　潘　阳

副主编　马广源　张家齐

刘红英　张尚卿

孙祥瑞　雷金繁

参　编（以姓氏笔画为序）

王吉强　白广玮

李　建　杨　峰

张英妹　张艳华

赵春年　郭志刚

马门宗　李　向

杜红娅

第1版编写人员

主　编　孙　茜

副主编　潘文亮　孙德民　孙国栋　翟国英
　　　　张金华　冯松魁　啜惠娥　戴东权
　　　　梅勤学　赵国芳

参　编　（以姓氏笔画为序）
　　　　王新乐　王建威　王淑荣　孙顺东
　　　　纪世东　迟殿良　李　楠　李　鹏
　　　　李丽娟　苏其茹　苏武臣　杨宝英
　　　　肖红波　吴春柳　陈志勇　邵立侠
　　　　徐俊生　徐丽荣　栗梅芳　侯文月
　　　　商艳朝　席建英　袁章虎　黄　琏
　　　　隋秀霞

再版序言

“无公害蔬菜病虫害防治实战丛书”自2005年出版以来，得到了河北省乃至全国广大菜农和技术人员的广泛关注和喜爱，为正确诊断蔬菜病虫害、科学准确使用农药和推进蔬菜产业健康快速发展发挥了十分重要的作用。

目前，蔬菜产品的质量安全是社会和消费者关注的热点之一，蔬菜病虫害防控与正确应用高效低毒农药，是保证蔬菜产品质量安全的关键环节。多年以来，孙茜研究员长期深入蔬菜生产基地，融入广大菜农中间，共同深入研究探讨，反复多次试验示范，并从生产实践中整理总结出了非常宝贵的新经验、新点子、新方法、大处方、小处方、防治历等多种好技术，应用效果好，实用性非常强，是解决蔬菜生产中病虫害技术问题的“神方妙法”，是解决蔬菜生长异常难题的“灵丹妙药”。

“无公害蔬菜病虫害防治实战丛书”的修订再版，又融入了许多新的内容、新的技术、新的方法和新的农药品种。该书的特点是文字简洁凝练，内涵丰富，图文并茂，白话叙述，一看就懂，简单易学，是菜农和技术人员离不开手的技术工具。该书的再版，必将为蔬菜产品质量安全水平提升、蔬菜产业提质增效发挥更大的技术指导作用。

河北省蔬菜产业发展局调研员
农业部蔬菜专家技术指导组成员　王振庄
中国蔬菜协会副会长

2015年7月

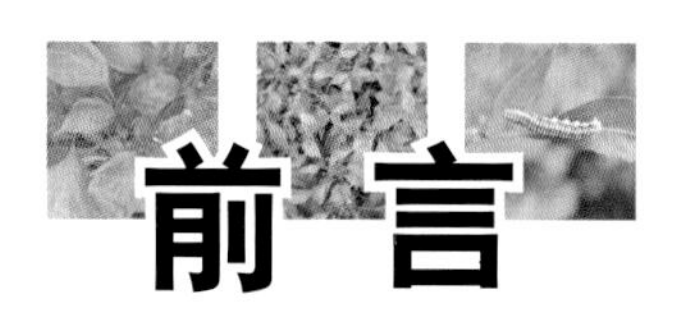

前言

蔬菜在人们的生活中占有非常重要的地位。蔬菜产业也已经是中国农民重要的致富行业。“无公害蔬菜病虫害防治实战丛书”作为无公害蔬菜生产的指导用书，自2005年出版发行后，受到广大菜农和一线技术人员的好评，得到了菜农的广泛认可和实践验证，他们纷纷来电来信通报按照该书防治大处方操作后取得的丰收喜讯。在我身边有遍布全国的菜农粉丝和新技术的示范农户。这套丛书也已经印刷了数次，发行近80余万册，并得到了同行专家的肯定，2008年获得了“中华农业科技奖科普图书奖”、2009年获得河北省优秀科普资源二等奖。源源不断的菜农朋友们的喜讯和荣誉，让我作为一个科技推广人员多了一份忐忑，更感到自身的责任和义务。

随着设施蔬菜种植面积的迅速扩大和经济效益的逐年增长，以及无公害或绿色蔬菜生产的需要，蔬菜生产一线各种问题也在增多，设施蔬菜的连茬、重茬种植以及农药和化肥施用的不规范，仍然是蔬菜生产中的突出问题。种植模式多种多样致使病害种类繁多、发生情况更加复杂。当前，蔬菜安全生产和绿色农业战略是我国农业和蔬菜产业发展的总趋势。在责任编辑的邀约下，我把近期与菜农共同示范完成的“绿色蔬菜病虫害保健性防控新技术”编入修订书稿中，把近期生产实践中获得的新经验、新点子、新方法、小处方收集整理编入修订书稿中，把农药新品种、改良土壤连茬障碍和盐渍化新配方、近期发生的新病害救治技术等内容编入修订书稿中，同时保持第1版技术简便、易学、好操作的风格。这套丛书仍然是以绿色农业和生产无公害蔬菜为宗旨，以保障菜农丰产丰收为目标，从目前职业菜农种植实战需求出发，对不易诊断的病害问题，对非典型和疑似病害进行辨别、分析，提出解决问题的办法，给出救治方案。

在丛书修订再版之际，衷心感谢河北科技菜农俱乐部的科技菜农团队给予的绿色病虫害防控技术方案的示范验证，感谢他们的生产一线工作经验和体会的分享。感谢在试验示范中提供蔬菜种子、农药的企业单位。有了这些丰富的田间一线的工作经验和体会，才有了更贴近生产一线的符合当前蔬菜安全生产和农药减量控害要求的实际操作技术。企盼这套丛书成为菜农朋友、蔬菜园区技术人员实用的致富工具。

孙茜

2015年7月

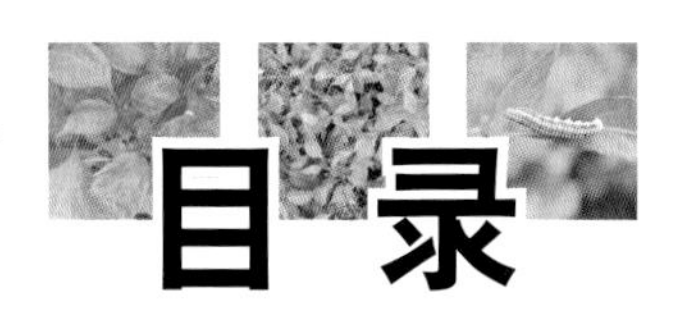

目录

写在前面的话

随着设施蔬菜种植面积的快速发展和种植模式的增加，设施蔬菜的连作、重茬和农药、化肥使用的不规范，使得菜农致富愿望与现实相悖。蔬菜产业原本种植种类和种植模式繁多、茬口叠加交叉使生产中病害种类多、情况复杂。蔬菜价格高时，农民对蔬菜大水大肥伺候，病虫害发生时舍得所有好药、贵药一起用，与当今消费者对绿色、安全、优质、低农残的要求相去甚远。往往是品种改变了、设施设备先进了、施肥水平上去了，但是病虫害防治水平仍然停留在原处。预防舍不得用好药，发病后却拼命用好药、重复用药、大量混合用药。生产中的主要问题如下：

1. 老菜农凭经验，任意加大用药量和盲目混用药剂，随意缩短安全间隔期，使得蔬菜生长在“治病也致命（残）、致畸”的环境里，如图1。长期落后的栽培措施和病虫害防治手

图1　撒在辣椒植株顶部的白灰

段与优良品种的种植要求不相适应。防治用药现状乱、混、杂现象仍很严重。如辣椒感病后在植株顶部撒施石灰粉，想以此防控病害流行（图1），其结果却只能引发辣椒植株的烧灼性褪绿黄化，如图2。

图2　融化后的白灰导致辣椒植株褪绿黄化

2. 多元有效成分桶混防病时，忽略了对蔬菜生长的安全性，造成药害、肥害，对蔬菜瓜果的生产危害性极大。也给不法农资经销商经营假药、次药以可乘之机。他们为图一己之利欺骗（忽悠）新菜农，开出4～5种药剂混用的大药方，以极不科学的混配手段防病，诱使新菜农多用药、混用药，造成植株落花落果，辣（甜）椒叶片枯干等药害，如图3。

3. 落后的病虫害防治理念与无公害设施蔬菜施药技术不相适应，施药时忽略了天气环境、生长期等因素。比如在昼短夜长、弱光环境下不考虑植株生长现状、恶劣条件和药剂吸收渗透的规律，施药剂量仍然不减，一个浓度用到底，甚至加入增效剂致使叶片渗透作用加快，引发叶片功能性衰竭枯死斑，如图4。

图3　多种农药混用，喷施后辣（甜）椒叶片枯干

图4　深冬辣（甜）椒施用高浓度植物生长调节剂或叶面肥，引起心叶皱缩

4.打药万能论。缺素症和肥害与病害混淆，不论什么原因，有病或有异常就喷药。菜农缺乏病虫害防治的基本知识，保秧护果意识强，唯恐蔬菜得病。一旦发病则拼命喷药，有时仅仅发生一种病害，也要加几种治疗其他病害的药剂一起喷，使得蔬菜植株像披上一层厚厚的药衣，如图5，但经常有药剂附着在叶片表面，无疑会影响光合作用和植株的转化营养功能，重者会造成叶片褪绿或硬化脆裂。

图5　身披一层厚重药粉的辣（甜）椒幼苗

随着反季节多种种植模式栽培辣（甜）椒大面积的增加，使得各种病害随着季节差异、气候差异和用药混乱而产生不典型症状，以致难以辨认。我们在为菜农进行病害咨询、指导培训中，直接面对上述问题，经历了从单一病害的识别诊断、农业措施防治及农药补救的较专业化的辅导，到将复杂的病、虫、草、药、寒、盐、冻、涝害等植株症状相区别，并将植保技术简单化、系列化、方案化（处方化）的指导历程。近几年，我们又将辣（甜）椒救治方案（大处方）提升到保健性防控整体技术方案取得了成功，并接受了国家果类农副产品质量监督检验中心的检测，符合农业行业标准NY/T 655—2012。总结收集整理科技示范户生产中的成功经验（图6，图7）和归纳相关知识后，我们改编了《辣（甜）椒疑难杂症图片对照诊断与处方》这本小册子，愿该书的出版能对菜农有更大的帮助。

图6　无公害蔬菜病虫害防治大处方指导下生长的辣（甜）椒

图7　实施保健性防控方案辣（甜）椒生长景象

一、辣（甜)椒生长异常的诊断

（一）田间诊断应考虑的因素及求证步骤

蔬菜病害田间诊断是农业综合技能的体现。科研与推广人员的诊断区别在于前者可以取样返回实验室培养、分离镜检后再下结论。它的准确率高，出具的防治方案针对性强，但时间缓慢，与生产要求“急诊”不相适应。田间的诊断则不一样，必须在第一时间内初步判断症状的因由，并给出初步的救治方案，然后再根据实验室分析鉴定修正防治方案。因此，判断是否病、虫、药、肥、寒、热害等应注意如下程序步骤和因素。

1.观察：观察应从局部叶片到整株，还应注意到发病植株在设施栽培棚室的位置以及栽培模式、栽培习惯等。看一个棚室或一块田可能看到一种症状，看到一种现象。观察几个乃至十几个棚室则能发现一种规律。所看到的症状有自然的也有人为造成的。

2.了解：向种植户了解：①土壤环境状态包括土壤营养成分、施肥情况、盐渍化程度，如图8为施用未腐熟肥导致的肥

图8　田间常有的基肥不腐熟导致有害气体熏蒸危害

害；②菜农的栽培史，是否连茬连作、连茬年数、上茬作物种类等；③农药使用情况包括用药史、用药习惯、使用农药的剂量、农药存放地点等；④种植的品种，以及品种特征特性，比如耐寒、耐热、对药剂和环境的敏感性，看其是否适合当地季节（气候）特点及土壤特点。

随着新特蔬菜品种的引进、推广和种植，各品种的抗高温性、耐热性及耐寒性、耐弱光性等不尽相同。一个品种的特征特性决定了所要求的环境条件、栽培方法、密度等，如北方越冬栽培的辣(甜)椒，对弱光、低温非常敏感（图9），如果还是按照生长旺盛期的剂量喷施农药或叶面肥，就有可能致使植株或叶片产生药害或肥害如畸形、枯斑或皱褶等。

图9　越冬弱光低温条件下过量施用杀虫剂与叶面肥造成的叶片皱缩

3.收集：由于有些菜农预防病害时把三四种农药混于1桶水*中喷施，或将杀菌剂、杀虫剂、生长调节剂混用，或又有假、劣药充斥其中，三五天喷一次，蔬菜生存、生长受到限制产生异常症状。因此，诊断时一定收集、排查农民使用过的农药袋子，以帮助我们辨真假，看成分，查根源。

4.求证：由于追求高产，人们往往是有机肥不足化肥补。生产中常有将未腐熟好的鸡粪、牲畜粪直接施到田间的现象，产生有害气体熏蒸作物造成危害如图11。施用冲施肥不是均匀撒在垄中而是在入水口随水冲进畦里，造成烧根黄化以及盐渍化。因此，诊断蔬菜生长异常时，需求证土壤基肥、追肥、

*　1桶水是指1喷雾器水＝15升水。

冲施肥的使用情况，单位面积用量及氮、磷、钾和微肥的有效含量、生产厂商及施用习惯等。

5.咨询：经过上述观察、了解、收集、求证后，还要咨询所在区域季节气候，包括温度、湿度、自然灾害的气象记录，这对诊断很有必要。突发性的病症与气候有直接的关系。如：下雪、大雾、连阴天、多雨、突降霜冻及水淹等。在诊断时应该充分考虑到近期的天气变化和自然灾害因素。图10为骤然降温造成辣椒果皮局部紫色。

图10 寒害造成的辣椒果皮紫斑

6.排查：在诊断蔬菜生长异常时，人为破坏也是应考虑的因素。现实生活中经常会因经济利益或家族矛盾而发生人为破坏的现象，有的喷施激素（植物生长调节剂）甚至除草剂损坏他人的蔬菜生产。因此，应调查村情民意。排除人为破坏也应为诊断的必要步骤。

7.验证：在初步确定为侵染性病害后，应采取病害标本带回实验室或请有条件的单位进行分离、鉴定，确定病原种类，进一步验证田间作出的判断。

（二）田间诊断应涉及的范围

在生产中，对蔬菜发生的一种异常现象不同专业背景的科技人员会有不同的判断或救治方法。有时受专业限制对异常现象给予单一的解释，实际上一种异常现象可能是多种因素综合作用的结果。在自然环境中，栽培方式、种植管理、防治病虫害用药手段、天气、肥料施用等各种因素综合作用的复杂条件下，诊断蔬菜生长异常涉及如下范围，可以逐步排除。

首先应判断是病害？还是虫害？或是生理性病害？

（1）由病原生物侵染引起的植物不正常生长和发育所表现的病态，常有发病中心，由点到面…………………… 病害

①蔬菜遭到病菌侵染，植株感病部位生有霉状物、菌丝体并产生病斑…………………………………………… 真菌病害

②蔬菜感病后组织解体腐烂，溢出菌脓，并伴有臭味…………………………………………………………… 细菌病害

③蔬菜感病后引起畸形、丛簇、矮化、花叶皱缩等症并有传染扩散现象………………………………………… 病毒病害

④植株生长衰弱，显示营养不良。叶片、茎秆没有病原物。拔出根系，根部长有根瘤状物……………………… 线虫

（2）有害昆虫如蚜虫、棉铃虫等刺吸、啃食、咀嚼蔬菜引起的植株异常生长和伤害现象，无病原物，有虫体可见…………………………………………………………………… 虫害

（3）受不良生长环境限制以及天气、种植习惯、管理不当等因素影响，蔬菜局部或整株或成片发生的异常现象，无虫体、病原物可见………………………………………… 生理性病害

①因过量施用农药或误施、飘移、残留等因素造成的蔬菜生长异常、枯死、畸形现象……………………………… 药害

a. 因施用含有对蔬菜花、果实有刺激作用的杀菌剂造成的落花落果以及过量药剂所导致植株及叶片畸形现象…………………………………………………………… 杀菌剂药害

b. 因过量和多种杀虫药剂混配喷施所产生的烧叶、白斑等现象…………………………………………………… 杀虫剂药害

c. 超量或错误使用除草剂造成土壤残留，下茬受害黄化、抑制生长等现象，以及喷施除草剂飘移造成的近邻植株受害生长畸形现象…………………………………………………… 除草剂药害

d. 因气温高，或用药浓度过高、过量或喷施不适当造成植株异形、果实畸形、裂果、僵化叶等现象…………

……………………………………………… 植物生长调节剂药害

②因偏施化肥，造成土壤盐渍化或缺素，导致植株烧灼、枯萎、黄叶、化瓜等现象……………………………… 肥害

a. 施肥不足，脱肥，或过量施入单一肥料造成某些元素被固定，植株长势弱或褪绿、黄化，果实着色不良或畸形等现象………………………………………………… 缺素症

b. 过量施入某种化肥或微肥，或环境污染造成的某种元素过多，植株营养生长过盛、叶色过深或颜色异常…………………………………………………………………… 元素中毒症

③突发天灾造成危害 ………………………… 天气灾害

a.冬季持续低温导致叶片低垂外翻，花萼白化、干枯、缩顶等生长障碍……………………………………… 寒害

b.突然降温、霜冻导致果实紫皮，叶缘逐渐变紫褐色，叶枯死……………………………………………… 冻害

c.持续高温后植株萎蔫，叶片、幼蕾脱落，叶片黄化……………………………………………………………… 热害

d.阴雨后放大晴，植株枝叶脆裂、失水 ……………… 灼伤

e.暴雨、水灾后植株遭泡淹而致萎蔫 ……………… 淹害

二、辣（甜）椒病害典型与非典型、疑似病症的诊断与救治

许多菜农告诉我们，他们在种植中发生的病害症状并不是很典型，待症状典型看清楚了，救治已经非常被动了，损失在所难免。他们往往在发病初期的病症甄别上举棋不定，用药时就会许多药掺和在一起喷，以求多效广防保住苗秧，常常是事与愿违，花钱多效果差。如果掌握了识别症状的技巧，就会变被动防治为针对性治疗。既争取了时间，又节省了成本。下面介绍辣（甜）椒主要病害的典型、非典型及疑似症状的诊断与救治方法。

猝倒病

【典型症状】主要发生在辣（甜）椒苗期。幼苗感病后在茎基部呈水渍状软腐倒伏，即猝倒，如图11。猝倒病是辣椒育苗时期重要的毁灭性病害，如图12。椒苗初感病时秧苗呈暗绿色，感病部位逐渐缢缩，如图13，病苗折倒坏死。染病后期茎基部变成黄褐色干枯呈线状，如图14。

图11　幼苗感病后茎基部呈水渍状软腐倒伏

图12 穴盘苗感染猝倒病状

图13 感病部位逐渐缢缩，黄褐色干枯

图14 后期茎基部变成黄褐色干枯呈线状

【非典型症状】病苗虽水渍状但没有猝倒，病茎黑褐色延伸至根部，如图15。这是因为控制浇水后，干燥环境下病部干枯变黑直立所至，容易与根腐病混淆，实际此症仍是猝倒病，应按照猝倒病防治。

图15　非典型病茎褐变不折倒的猝倒病秧苗

【疑似症状】病苗萎蔫倒伏，没有褐变，没有水渍状如图16，疑似猝倒病。秧苗只是脱水性萎蔫，拔除病苗可以观察到秧苗根系发黄，有烧根现象。应该考虑为营养中施入过量化肥烧灼所至。

图16　疑似猝倒病的营养土化肥过量烧灼性萎蔫死苗

【发病原因】病菌主要以卵孢子在土壤表层越冬，条件适宜时产生孢子囊释放出游动孢子侵染幼苗，通过雨水、浇水和病土传播，带菌肥料也可传病。低温高湿条件下容易发病，土温10～13℃，气温15～16℃病害易流行发生。播种或移栽或苗期浇大水，又遇连阴天低温环境发病重。

【救治方法】

生态防治：

（1）选用抗病品种。选用抗病品种。所有病害最省事、省心、省时的防治方法就是选择抗病品种。种植抗病品种也是生产绿色蔬菜的基础。常用抗病品种有甜椒玛索、红英达、红世纪、方舟、冀研系列、湘研系列等。

（2）采用无土育苗法。最好使用一次性灭菌基质育苗、草炭土、营养块等。

（3）加强苗床管理，保持苗床干燥。北方温室育苗，建议采用无滴膜，出苗后棚室湿度保持在相对湿度80%以下，适时放风。避免出现低温高湿环境，不要在阴雨天浇水，浇水应选择在晴天的上午进行。

（4）苗期喷施叶面肥。如用30亿活芽孢/克枯草芽孢杆菌500倍液喷施幼苗床或淋灌，用以增强幼苗的抗病力和促使幼苗健壮生长，尽量不喷施其他药剂，以规避药害风险。

（5）清园，切断越冬病残体传病。用异地大田土和腐熟的有机肥配制育苗营养土，最好再用甲醛闷制灭菌。严格控制化肥用量，避免烧苗。合理分苗，密植、控制湿度、浇水是关键。苗床土应注意消毒及药剂处理。

药剂救治：

（1）处理土壤。取大田土与腐熟的有机肥按6 ∶ 4混均，并按每立方米苗床土加入100克68%精甲霜灵·锰锌水分散粒剂和2.5%咯菌腈悬浮剂100毫升，或采用6.25%咯菌腈·精甲霜灵悬浮剂100毫升拌土并过筛混匀。用这样的土装入营养钵或做苗床表土铺在育苗畦表面上，或在播种覆土后用68%精甲霜灵·锰锌水分散粒剂600倍液喷洒于播种后的土壤表面封闭杀菌。

（2）种子包衣。药剂包衣种子可选6.25%咯菌腈·精甲霜灵悬浮剂10毫升或2.5%咯菌腈悬浮剂10毫升+35%精甲霜灵2毫升，对水150 ～ 200毫升包衣3千克种子，可有效预防苗期猝倒病和立枯病、炭疽病等苗期病害（注意包衣加水的量以完全充分包上种子为目的，适宜为好，注意充分晾干后再播种）。

（3）药剂淋灌。救治可选择68%精甲霜灵·锰锌水分散粒剂500 ～ 600倍（折合100克药加3 ～ 4喷雾器水，或40%精甲霜灵·百菌清悬浮剂500倍液、72%霜脲·锰锌可湿性粉剂600倍液、72.2%霜霉威水剂1 000倍液等对秧苗进行淋灌或喷淋（就像人洗淋浴澡那样淋施秧苗）。

茎基腐病

【典型症状】茎基腐病是辣（甜）椒定植后经常发生的重要病害。菜农常称为“烂脚脖病”，如图17。主要发生在接近地面茎秆部位，病部褐变，根部是健康的，逐渐病斑凹陷变黑褐色，重症染病绕茎扩散，表皮呈黑色腐烂，植株逐渐萎蔫枯死。

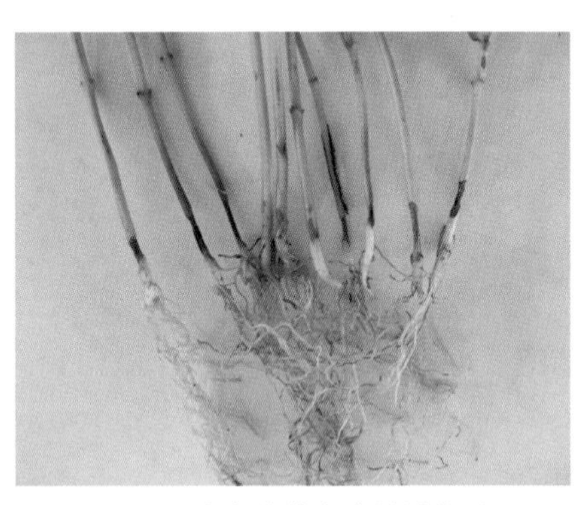

图17　感染茎基腐病的辣椒秧

【疑似症状】辣椒植株从根部到茎秆均黑褐色病变，有的环茎腐烂，疑似茎基腐病，如图18。但是没有达到茎秆接触地面部位，与茎基腐病症状的区别是，茎秆和根部均为枯干性褐变，根部没有生命活性体征，此症应该是肥害病症。

辣椒秧根部及根上部病变，湿度大时呈水渍状，干燥时病变部位凹陷，疑似茎基腐病，如图19。但是凹陷处水渍状是猝倒病的特征，同时此症发生在苗期，与猝倒病发生期相符，应判断为猝倒病。

图18　疑似茎基腐病的肥害烧根枯干性褐变

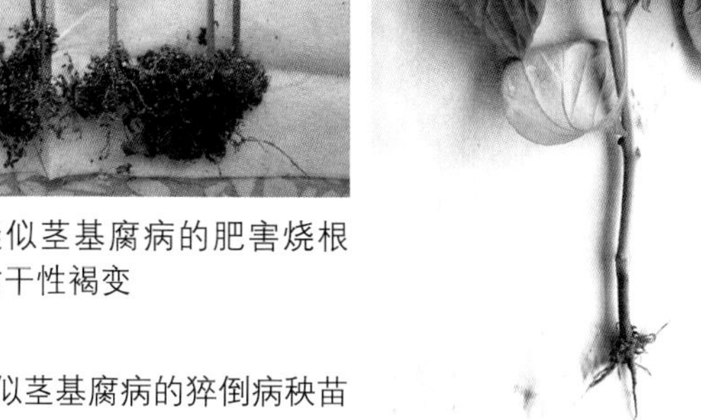

图19　疑似茎基腐病的猝倒病秧苗

【发病原因】此病属于腐生疫霉菌侵染所致，病菌卵孢子随病残体越冬。高温高湿、多雨、低洼黏重的土壤条件下发病重。病害通过浇水、雨水传播蔓延，进行再侵染。种植中，平畦定植、浇大水，加之使用未腐熟的有机肥随水感染秧苗、定植时浇水温差大、夏季秧苗长时间在高温污水环境下浸泡和污水蒸腾均会造成茎基腐病大发生。严重的损失3 ～ 4成秧苗，造成缺苗断垄，毁种现象发生普遍。

【救治方法】

生态防治：

（1）高垄栽培。定植时先洇地，后在湿润土壤条件下采用栽苗覆土给小水的方法移栽，这样有利于辣椒苗的扎根缓苗、壮秧。高温季节，采用高垄栽培可以避免浇水时井水的冷刺激，井水从沟中慢慢浸到垄上温差已经缓和了许多，不会对秧苗茎秆基部造成温度剧烈变化的刺激，而降低幼苗的抗病性；也不会因受浸泡的干扰而感病。

（2）把好浇水关。越夏栽培，露地和麦茬种植的辣椒，一般定植时间多在5月下旬或7月中、下旬。定植日早晨应早浇水。此时正值北方的高温盛夏季节，棚室的温度可高达60℃左右，低温也在50℃左右，若天气晴好，露地地温可达40℃，抽上来的井水温度一般在15℃左右，中午浇水会对定植的秧苗在温差大于20℃的土壤环境里直接遭受冷刺激，给本已因移栽而长势弱的秧苗加上冷刺激，病菌就会乘虚而入。因此，越夏栽培浇水，应尽量提早在清晨以减少温差。早春栽培的，应尽可能的在棚内晒水提温后再浇苗。

（3）基肥深施入土。将腐熟好的有机肥与秸秆等一起深施入土、耙好，不要让有机肥，尤其是没有腐熟好的圈肥暴露在土壤表层，否则在高温条件下有机肥会产生有害气体对秧苗造成危害和污染。

（4）清除病残体、及时排水。及时清除病残体，排除田间积水，以免病害扩展蔓延。

药剂防治：

（1）营养土消毒。营养土消毒配方参考猝倒病救治方法。

（2）移栽前药液淋灌或浸盘。除在育苗时对床土消毒防治茎基腐病及苗期病害外，在移栽前应对定植苗进行预防用药。对苗盘、育的辣椒苗可以用配好的68%精甲霜灵·锰锌水分散粒剂600倍液浸盘、浸根，即将配好的药液放置在一个大盆或开放的容器里，将苗盘放置盆中浸泡，如图20，以药液浸透时间3 ~ 5秒钟为适宜（生产中，时间的计算以默数“一个苹果、两个苹果、三个苹果”为准），也可以喷淋式淋灌施药的方式（图21），即充分吸取药液后即可移栽。在移栽前浸盘或淋灌主动预防效果较好。

图20　药液浸盘

图21　喷淋式药剂浸根即药液淋灌

(3) 定植前地面药剂处理即土壤表面防控。配制68%精甲霜灵·锰锌水分散粒剂500倍液，或72%霜脲锰锌可湿性粉剂800倍液、25%双炔酰菌胺悬浮剂1 000倍液、72.2%霜霉威水剂600倍液、66.8%霉多克可湿性粉剂等喷雾或淋灌，对定植田间的定植穴坑进行封闭土壤表面喷施，而后进行秧苗定植。这种方法是当前菜农科技示范户生产操作中最有效的防控茎基腐病（黑根黑脚脖病）的经验。

(4) 发病后的救治。保苗救秧，可选用68%精甲霜灵·锰锌水分散粒剂600倍液，或68.75%氟吡菌胺·霜霉威悬浮剂800倍液+25%嘧菌酯悬浮剂3 000倍液淋喷。

疫　　病

【典型症状】辣椒疫病是流行性病害，一旦感病三两天内就会造成绝收。辣椒全生育期均可以感染疫病。辣（甜）椒茎秆、果实、叶片都能感病。叶片染病从叶边缘开始，初期有不定形水渍状暗绿色或黄绿色直至暗褐色脱水性萎蔫，如图22，病重时叶片腐烂整株枯死，如图23。感病后茎秆节间处或茎基部呈黑褐色腐烂状，如图24，干枯茎秆长出白色霉状物，如图25。棚室内或空气湿度大时感病果实表面会长出少量稀疏白色霉层，如图26。果实感病大多从果蒂开始，初期呈水渍状暗绿色，软化后逐渐腐烂，如图27，后期果实呈褐色或暗绿色水渍状腐烂，如图28。辣（甜）椒田感染疫病会造成成片枯萎死亡，如图29。

图23 病重时叶片腐烂整株枯死

图22 染病叶片黄绿色直至暗褐色脱水性萎蔫

图24 茎基部呈黑褐色腐烂症状

图25 染病干枯茎秆长出白色霉状物

图26　感病甜椒果实表面长出少量稀疏白色霉层

图27　感染疫病水渍状软化的辣椒果实

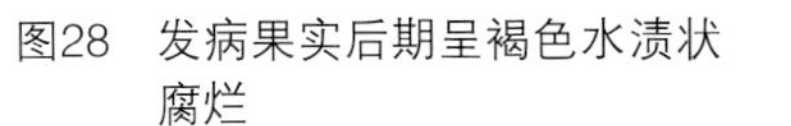

图28　发病果实后期呈褐色水渍状腐烂

图29　重症疫病流行时绝收状

【疑似症状】

整个植株黄化萎蔫脱水，根部枯干，疑似疫病，如图30。但是地上部茎秆没有褐变，没有菌丝。而根部溃烂产生有异味的霉状物，枝干软弱不挺立，根部黑褐色，这些症状与根腐病症状相符。

植株干枯性萎蔫，根部只剩褐色的主根疑似疫病，但是查看重症植株没有黄化过程，发病迅速，直至叶片白化，如图31。了解得知菜农有施大肥行为，可判断为氮素过剩烧灼肥害。

图30 疑似疫病的根腐病辣椒坏死根、茎

图31 疑似疫病的辣椒肥害烧根

【发病原因】病菌主要以卵孢子、厚垣孢子在病残体或土壤中越冬。由于北方设施棚室保温条件的增强，辣（甜）椒可以安全越冬栽培，病菌可以周年侵染，借助雨水、灌溉水传播。发病适宜温度为25 ～ 30℃，相对湿度高于85%时极易发病。保护地棚室内空气湿度大、浇水过量、叶面有水珠或露水是病菌萌发侵入的有利条件。定植过密，通风、透光性差，露地种植地块排水不良或积水地块发病重，南方雨季、积水田、设施栽培连茬重茬、盐渍化土壤条件下发病重。且病害一旦流行起来几乎没有收成。

【救治方法】

选用抗病品种：玛索、迅驰、世纪红、康大系列、红英达、方舟、冀研系列等品种均有较好的抗疫病特性，各地可因地选种。

生物防治：清园，清除越冬病残体，减少初侵染源。合理密植、高垄栽培、注意排水，控制湿度是关键。设施栽培的辣（甜）椒应采用膜下渗浇小水或滴灌的方式，节水保温，以利降低棚室湿度。清晨尽可能早的放风，既放湿气，尽快进行湿度置换，增加通风透光。氮、磷、钾肥应均衡施用。育苗时苗床土注意消毒及药剂处理。

药剂救治：采用辣（甜）椒一生保健性病害防控方案（大处方）进行整体预防。

（1）预防为主，除采用大处方进行预防外，移栽棚室缓苗后预防，可采用70%百菌清可湿性粉剂600倍液（100克药对4喷雾器水），或25%嘧菌酯悬浮剂1 500倍液、25%双炔酰菌胺悬浮剂1 000倍液、40%精甲霜灵·百菌清悬浮剂800倍液。

（2）发现中心病株后，立即全面喷药，并及时清除病叶带出棚外烧毁。

（3）救治可选择68%精甲霜灵·锰锌水分散粒剂500～600倍液（折合每100克药对3～4喷雾器水）加25%双炔酰菌胺悬浮剂800倍液一起喷施，或与50%烯酰吗啉可湿性粉剂600倍液、72.2%霜霉威水剂800倍液、40%精甲霜灵·百菌清悬浮剂600倍液、62.5%氟吡菌胺·霜霉威水剂800倍液、72%霜脲·锰锌可湿性粉剂700倍液、72%霜霉疫净、霜疫清可湿性粉剂700倍液等交替间隔喷施。

病毒病

辣（甜）椒病毒病是阻碍辣椒尤其是露地辣椒生产的首要病害。保护地栽培的辣（甜）椒病毒病虽然得到初步控制。这与设施栽培、生态防治有很大的关系。但是在露地栽培、秋延后保护地栽培中，防治传毒媒介仍是防治病毒病的重中之重。

【典型症状】病毒病的感病症状有花叶、黄化、坏死、畸形等多种。生产中常见的主要有花叶（图32），出现病症时，叶脉稍透明，叶色深浅不一，形成斑驳花叶，但植株没有明显畸形或矮化，如图33。重症时叶片除有斑驳花叶外，叶片凹凸不平，皱缩畸形，如图34，植株生长缓慢、严重矮化，如图35。黄化花叶症状的感病叶片明显变黄，容易出现落叶落花现象，如图36。坏死症：植株叶片或枝条组织出现坏死斑，如图37。畸形症：植株整体变形，叶片变成线形蕨叶，植株矮小，分支多，如图38；果实有坏死条纹和畸形果（图39），彩椒染病毒病后会有转色障碍，果实呈不规则画皮果，如图40。有些感病植株的症状是复合发生，一株多症的现象很普遍，如图41。

图32　病毒病花叶症状

图33　轻型斑驳花叶症状

图34　重症病毒病叶片皱缩畸形花叶症

图35　染病毒植株矮化

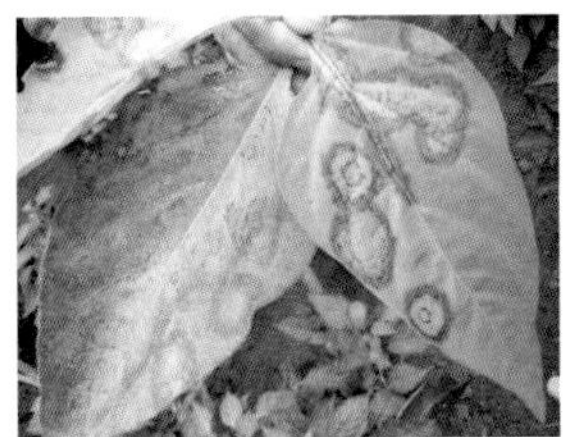

图37　坏死斑驳病毒症

图36　黄化花叶症

图39　果实畸形、多坏死斑

图38　植株矮小，多分枝，蕨叶

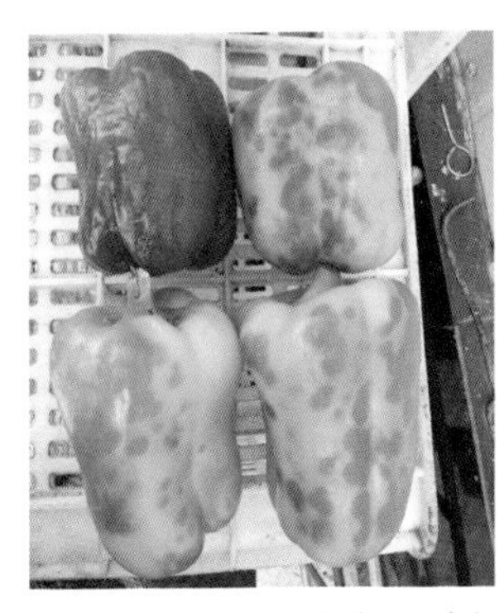

图40　彩椒染病毒病后引发转色障碍

图41　一株多症复合发生

【疑似症状】在现实生产中，我们会遇到非常多的类似病毒病的药害症状与病毒病症状相混淆，也是菜农经常误诊乱用农药造成损失的误区。

（1）辣（甜）椒生产中常有菜农喷施叶面肥补充微量元素，或喷施保花防落的药剂。生长调节剂的使用浓度因季节、气候、温度、光照和作物的不同生长时期浓度应有所不同。如果希望药剂能帮助辣（甜）椒起到防落保花作用，在查看该药剂含量、使用方法的同时，还一定要考虑冬季昼短夜长，植株叶片光合功能实际工作时间短，药量应当减少才能保证达成所希望的目标。如果冬季喷施叶面肥使用浓度与夏季相同，冬季弱光低温条件下植物光合作用在较低时接受高浓度的生长激素刺激，其结果是使幼嫩的生长点和嫩叶受到抑制产生疑似病毒病的症状，如图42，叶肉细胞生长受到限制，叶脉的伸长与叶肉细胞生长不同步形成农民常说的“小叶病”误诊为病毒病。在区别此类病症时，首先查看上部枝叶与下部叶片是否一致，整个植株长势是否与周围植株相同，是否有矮化现象。病毒病的发生是零星单棵，不会成片。药害的症状会因上部着药和普遍蘸花而使植株上部叶片阶段性的发生僵化蕨叶，连片普遍发生。而植株中下部位的枝叶完好无损。

图42　疑似病毒病（小叶病）的生长调节剂药害

（2）露地种植辣椒整体生长状况良好，只是沿水沟、渠道或作业路线的辣椒植株有黄化现象，如图43。叶片没有斑驳花叶症和皱缩，只有整株黄化现象，并不矮化。疑似病毒病，但查看现场，询问菜农施药方法和作业路线以及上茬作物，确认是因机械化施药，喷雾机大量漏药造成药害性黄化所致。

图43　疑似病毒病的机械喷药漏药造成的黄化植株

【发病原因】病毒是不能在病残体上越冬的，只能以冬季尚还生存的越冬种植的辣椒，或其他的蔬菜，或多年生杂草、蔬菜种株为寄主存活越冬。来年依靠虫传和接触及伤口传播，或通过整枝打杈等农事活动传染。蚜虫取食传播，是病害发展蔓延的主要渠道。高温干旱有利于蚜虫繁殖和传毒，适合病毒病发生。管理粗放、田间杂草丛生和紧邻十字花科留种田的地块发病重。防治病毒病铲除传毒媒介是非常关键的一环。

【救治方法】

生态防治：

（1）彻底铲除田间杂草和周围越冬存活的蔬菜老根，尽量远离十字花科制种田栽培。

（2）种植抗病品种。选用较抗病或耐病品种，如甜椒冀研12号、冀研13号等系列，以及先辣系列、红罗丹、玛索、索菲娅、冀星7号、湘杂系列等。

（3）增施有机肥，培育大龄苗、粗壮苗。加强中耕，及时灭蚜增强植株本身的抗病毒能力是关键。

（4）秋延后种植，除要适当晚播避开蚜虫迁飞时间外，最好在育苗时加防虫网，采用两网一膜（图44），即防虫网、遮阳网、棚膜来降低棚温和阻隔蚜虫、白粉虱、蓟马为害传毒，加防虫网是设施蔬菜棚室最有效阻断传毒媒介的措施。没有条件的地方夏季育苗可采用小规模的小拱棚防虫网，也可利用蚜虫驱避性，采用银灰膜避蚜，如图45。

图44 育苗棚防虫传毒的基本设施（两网一膜）

（5）露地种植田绿色防控措施是整个地块加设封闭式防虫网，如图46。也可间作套种高秆作物遮阴降温避蚜，如与玉米套种（图47）。

图45 露地铺设银灰膜避蚜

图46 露地甜椒绿色防控用全封闭式防虫网

图47 辣椒与玉米套种，降温遮阴避蚜

图48 设施栽培吊挂黄板诱蚜

（6）设施栽培利用蚜虫的趋黄色特性，悬挂黄板诱杀蚜虫，如图48。

药剂防治：

（1）种子处理。用10%磷酸三钠浸种30分钟，而后清水冲洗，催芽播种。

（2）药剂灌根（懒汉灌根施药法）。用强内吸剂25%噻虫嗪可分散粒剂一次性防治，持效期可长达25 ～ 30天。方法是在移栽前2 ～ 3天，用35%噻虫嗪悬浮剂1 500 ～ 2 500倍液（或1喷雾器水加10毫升药）喷淋幼苗。使药液除喷叶片以外还要渗透到床土中。平均每平方米苗床喷药液2千克左右，有很好的治虫预防病毒的作用。

（3）药剂喷施。可选用35%噻虫嗪悬浮剂2 500 ～ 5 000倍液，或10%吡虫啉可湿性粉剂1 000倍液、2.5%高效氯氟氰菊酯水剂1 500倍液灭蚜；苗期可选用20%病毒A可湿性粉剂500倍液，或1.5%植病灵乳油1 000倍液等喷施，对病毒病有一定的抑制作用。

灰 霉 病

【典型症状】灰霉病主要为害幼果和叶片。病菌从展开的雌花花瓣侵入，致花瓣腐烂，果蒂顶端开始发病，如图49。果蒂发病后向内扩展，致使感病果实呈灰白色（图50）、软腐（图51），长出大量灰白色霉菌层，如图52。灰霉病菌落在枝干上，潮湿环境下重度感染枝秆也会长出灰白色霉菌，如图53。

图49　花瓣腐烂，果蒂发病

图50　染病果实病部呈灰白色

图51　软腐溃烂的甜椒灰霉病果

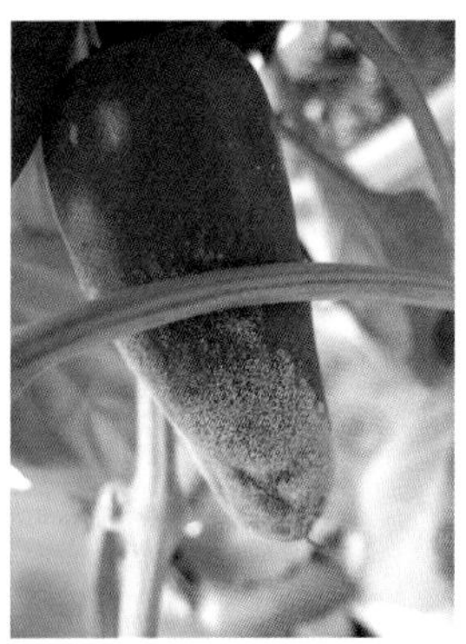

图52　长出大量灰霉病菌的彩椒病果

图53　重度感染灰霉病茎秆分杈处长出灰白色霉菌

【非典型症状】果实外表健康正常，但果柄与果实自然断开，如图54。表面暂时看不出有病菌感染，从果柄与果实分离的现象分析，应该是果实感染灰霉病菌后软化导致与果柄分离，判断是初染灰霉病菌显症果，应该尽快喷药防治。

【发病原因】灰霉病菌以菌核或菌丝体、分生孢子在病残体上越冬。病原菌属于弱寄生菌，从伤口、衰老的器官和花器侵入。柱头是容易感病的部位，致使果实感病软腐。花期是灰霉病菌侵染高峰期。借气流传播和农事操作传带进行再侵染。适宜发病气温为18～23℃、湿度为90%以上，低温高湿、弱光有利于发病。大水漫灌又遇连阴天是诱发灰霉病的最主要因素。密度过大，放风不及时，氮肥过量造成碱性土壤缺钙，植株生长衰弱均利于灰霉病的发生和扩散。

图54　非典型初染灰霉病菌果实与果柄自然断开的甜椒

【救治方法】

生态防治：

(1) 控湿。控制湿度是防治灰霉病的关键。①保护地棚室要高畦覆地膜栽培，地膜下渗浇小水。有条件的可以考虑采用滴灌措施，节水控湿。②加强通风透光，尤其是阴天除要注意保温外，还要严格控制灌水量。③早春将上午放风改为清晨短时放湿气，清晨尽可能早的放风，尽快进行湿度置换，降湿提温有利于辣（甜）椒生长。

(2) 清洁田园。及时清理病残体，摘除病果、病叶和侧枝，集中烧毁和深埋。

(3) 合理密植，高垄栽培，科学施肥。氮、磷、钾均衡施用。

药剂救治：

(1) 因辣（甜）椒灰霉病是花期侵染，预防用药时机很重要，一定要在辣（甜）椒开花时开始采用辣（甜）椒一生保健性病害防控方案（即大处方）进行预防。

(2) 喷药救治。药剂可选用25%嘧菌酯悬浮剂1 500倍液，或75%百菌清可湿性粉剂600倍液喷施预防，或选用50%嘧菌环胺水分散粒剂1 200倍液、50%咯菌腈可湿性粉剂1 000倍液、50%啶酰菌胺可湿性粉剂1 200倍液、40%嘧霉胺水分散粒剂1 200倍液、50%乙霉威·多菌灵可湿性粉剂800倍液等喷雾救治。

炭疽病

【典型症状】辣（甜）椒炭疽病主要侵染叶片、幼果，苗期到成株期均可发生。炭疽病典型病斑为圆形，初呈浅灰色，如图55。幼苗期发病，近地面部位变黄褐色，病斑逐渐凹陷，致使幼苗折倒，如图56。甜椒生长期棚室高湿条件下病果上的病斑呈圆形，稍凹陷，初期浅绿色后期暗褐色，病斑表面有粉红色黏稠物，如图57。辣椒病果初为褪绿色水渍状斑点，后变成褐色，斑点中间淡灰色，呈近圆形轮纹斑，如图58，后期病斑呈轮纹状长出黑点状子实体，如图59。重症后期病果感病处黑褐色干枯，如图60，如图61。

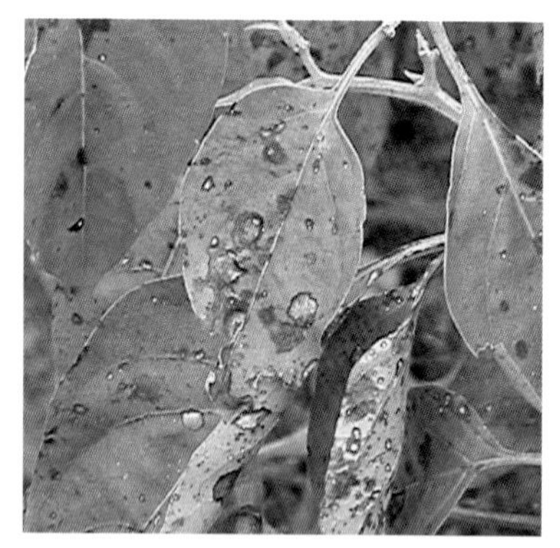

图55　重症炭疽病叶片呈浅灰色斑心

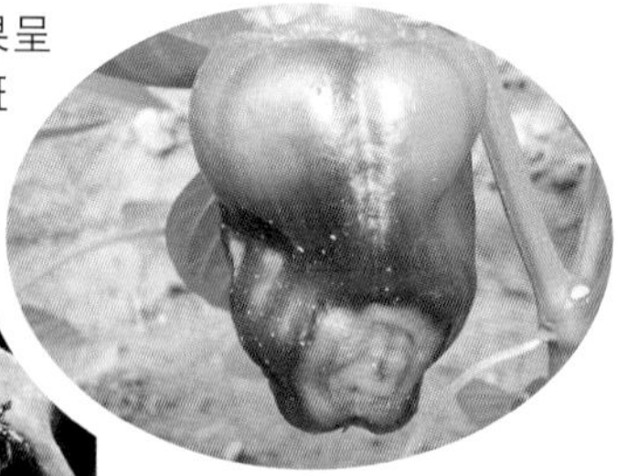

图57　甜椒炭疽病病果呈黄褐色轮纹病斑

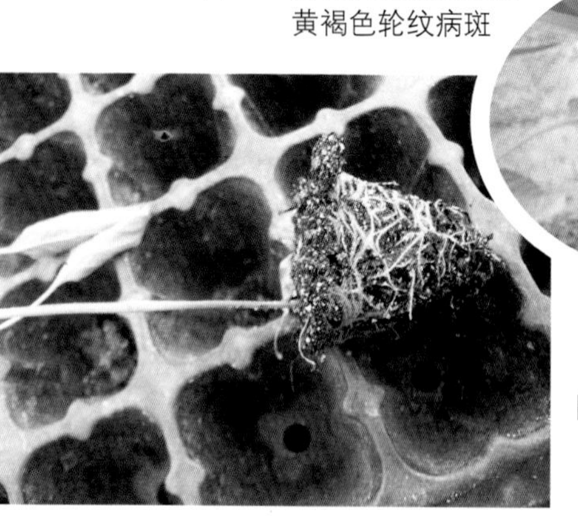

图56　感染炭疽病的辣椒幼苗病斑呈黄褐色逐渐凹陷

图58　辣椒病果初呈水渍状褐色斑，斑点中间淡灰色

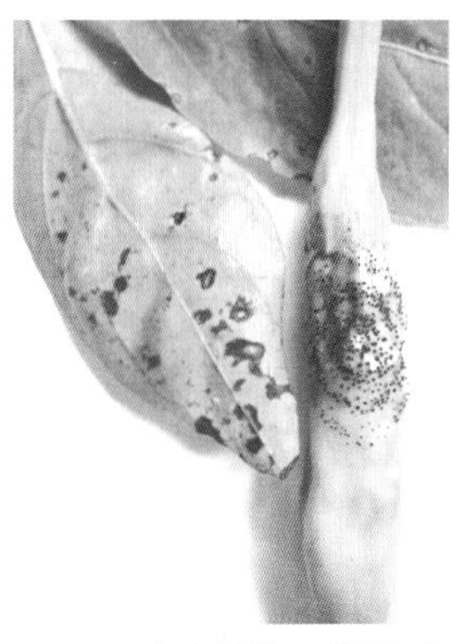

图59　感病辣椒后期病斑轮纹状，长出黑色子实体

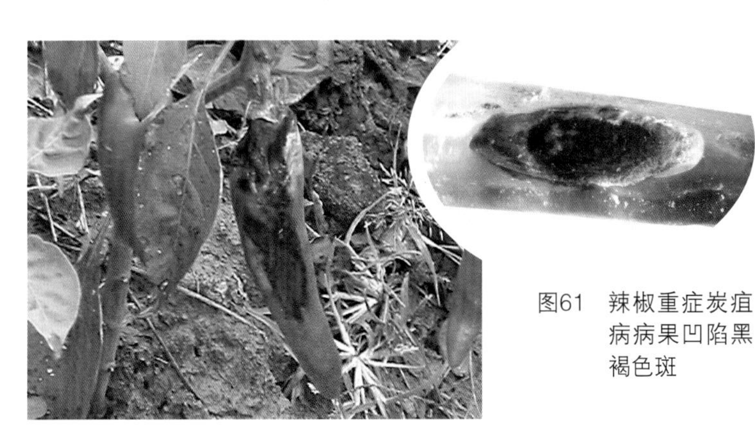

图61　辣椒重症炭疽病病果凹陷黑褐色斑

图60　辣椒重症炭疽病病果黑褐色干枯斑

【疑似症状】病斑为浅灰色圆形，绕茎。初染病时叶片呈现水渍状圆斑，病斑中心呈浅灰色，大块病斑逐渐现出褐色晕圈，如图62，比炭疽病病斑感染面积稍大，颜色一直呈浅灰色，扩展后病斑连片导致植株萎蔫。感病初期极易与炭疽病混淆，后期长出白色霉菌后才能与炭疽病区别。该病为菌核病，防治时应按照菌核病的防治方案进行。

【发病原因】病菌以菌丝体或拟菌核随病残体或在种子上

越冬，借雨水传播。发病适宜温度为27℃，湿度越大发病越重。棚室温度高、多雨或浇大水、排水不良、种植密度大、施用氮肥过量的生长条件下病害发生重，易流行。植株生长衰弱发病严重。一般春季保护地种植后期发病概率高，流行速度快。管理粗放也是病害流行造成损失的主要因素，应引起高度重视，提早预防。

图62　疑似炭疽病的辣（甜）椒菌核病症状

【救治方法】

选用抗病品种：种植抗病品种是减轻发病节约生产成本的最好的办法。较抗炭疽病的品种有玛索、奥黛丽、鲜绿2号等。

生态防治：

（1）重病地块轮作倒茬。可以与葫芦科或豆科蔬菜进行2～3年的轮作。

（2）种子包衣防病。选用6.25%咯菌腈·精甲霜灵悬浮种衣剂10毫升对水150毫升包衣3千克种子进行杀菌种子处理。

（3）浸种。55～60℃恒温浸种15分钟，或75%百菌清可湿性粉剂500倍液浸种30分钟后冲洗干净催芽，均有良好的杀菌效果。

（4）苗床土消毒。减少侵染源（参照茎基腐病苗床土消毒配方）。

（5）加强棚室管理，通风放湿气。设施栽培，建议地膜覆盖栽培，沟灌或滴灌降低湿度，减少发病机会。晴天进行农事操作，避免阴天整枝、采收等人为传播病害。

药剂救治：因病害有潜伏期，发病后防不胜防。建议采用辣（甜）椒一生保健性病害防控方案（大处方）进行整体预防。

（1）预防。除采用大处方预防外，还可采取25%嘧菌酯悬浮剂1 500倍液进行定植10天后进行灌根系统性预防，会有非常好的效果。

（2）救治。可选用75%百菌清可湿性粉剂600倍液，或10%苯醚甲环唑水分散粒剂1 500倍液、80%代森锰锌可湿性粉剂600倍液、2%春雷霉素水剂600倍液、90%苯醚甲环唑乳油4 000倍液、70%甲基硫菌灵可湿性粉剂500倍液、32.5%吡唑萘菌胺·嘧菌酯悬浮剂1 500倍液、25%吡唑醚菌酯乳油1 500倍液喷施，10天1次。

白粉病

【典型症状】辣（甜）椒全生育期均可以感染白粉病。主要感染叶片，如图63，叶正面病斑处黄化褪绿，如图64。发病重时感染枝干和茎。发病初期主要在叶面或叶背产生白色圆形霉状物呈点状粉斑，如图65，从下部叶片先开始染病，逐渐向上发展。严重感染后叶面会产生一层白色霉层，发病后期感病部位白色霉层呈灰褐色（图66），叶片变黄坏死。

图63　感染白粉病的辣椒叶片

图64　叶正面病斑黄化褪绿

图65　重症叶背面白色霉状物呈粉斑状

图66　后期霉层呈灰褐色，叶片变黄坏死

【发病原因】病菌以闭囊壳随病残体在土壤中越冬。越冬栽培的棚室可在棚室内作物上越冬。借气流、雨水和浇水传播。温暖潮湿、干燥无常的种植环境，阴雨天气及密植、窝风环境易发病，易流行。大水漫灌，湿度大，肥力不足，植株生长后期衰弱发病严重。

【救治方法】

生态防治：

（1）种植抗病品种。抗白粉的优良品种，常用的品种有先辣3号、先辣5号、火鹤1号、火鹤5号、玛索及皖椒系列、冀研系列等。

（2）加强田间管理。适当增施生物菌肥及磷、钾肥，降低湿度，增强通风透光，收获后及时清除病残体，并进行土壤消毒。棚室应及时进行硫黄熏蒸灭菌和地表药剂消毒。

药剂救治：建议采用辣（甜）椒一生保健性病害防控方案（大处方）进行整体预防。

（1）预防。用25%嘧菌酯悬浮剂1 500倍液灌根预防会有非常好的效果，也可选用32.5%吡唑萘菌胺·嘧菌酯悬浮剂1 500倍液、42.8%氟吡菌酰胺·肟菌酯悬浮剂1 500倍液、42.4%氟唑菌酰胺·吡唑醚菌酯悬浮剂1 500倍液、80%代森锰锌可湿性粉剂500倍液、32.5%苯醚甲环唑·嘧菌酯悬浮剂1 500倍液、56%百菌清·嘧菌酯悬浮剂1 200倍液、70%甲基硫菌灵可湿性粉剂600倍液、50%丙森锌可湿性粉剂600倍液喷施。

（2）救治。药剂可选用10%苯醚甲环唑水分散粒剂1 500倍液、25%嘧菌酯1 500倍液、32.5%苯醚甲环唑·嘧菌酯悬浮剂1 200倍液、60%吡唑醚菌酯·代森联水分散粒剂1 200倍液喷施。

菌核病

【典型症状】辣（甜）椒菌核病在重茬地、老菜区发生比新菜区要严重。辣（甜）椒整个生长期均可以发病，成株期发病较多。各个部位均有感病现象，叶片染病呈水渍状大块病斑，偶有轮纹，易脱落，感病后期病部凹陷，斑面长出白色菌丝体，如图67。枝干染病先从主干茎基部或侧根侵染，呈褐色水渍状凹陷，如图68。主干病茎表面易破裂，湿度大时皮层霉烂。茎基部感病后，在潮湿条件下长有稀疏白色霉层，如图69。果实受害端部或阳面先出现水渍状斑后变褐腐，后期果实病部凹陷，如图70，干燥环境下病果干枯，斑面仍有浓密白色霉状物即菌丝体，如图71，后形成菌核。

图67　斑面长出白色菌丝的叶片

图68　甜椒主干基部呈褐色水渍状凹陷

图69　茎秆病部变褐色，缢缩，长出白色霉层

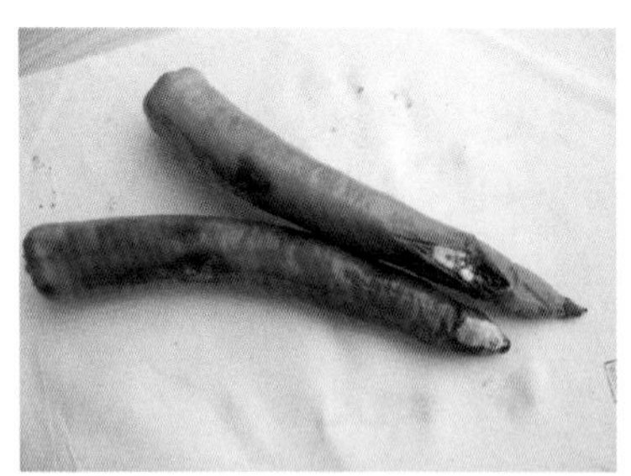

图70　果实受害端部水渍状褐腐，后期凹陷长出浓密白色霉层

图71　干燥环境下病果干枯，斑面仍有霉层

【疑似症状】果实水渍状软化腐烂，病部呈灰白色，疑似菌核病，如图72。但是病果水烂后的霉菌不是白色而呈灰白色，没有茂密的菌丝而是霉层逐渐变灰绿色。菌丝的茂密程度和最后有否产生黑色菌核（即老鼠屎颗粒）是判定菌核病的依据。

【发病原因】病菌主要以菌核在田间或保护地中或混杂在种子里越冬。春天子囊孢子随气流由伤口、叶孔侵入，也可由萌发的子囊孢子芽管穿过叶片表皮细胞间隙直接侵入。适宜发病温度为16～20℃，早春、秋冬低温高湿、连阴天、多雾天气、弱光条件下发病重。

【救治方法】

生态防治：

（1）保护地栽培应采用地膜覆盖，阻止病菌萌发出土，降湿、保温，净化生长环境。

图72　疑似菌核病病果的灰霉病甜椒

（2）土壤表面药剂消毒。每100千克土加入2.5%咯菌腈悬浮剂20毫升、68%精甲霜灵·锰锌水分散粒剂20克拌均匀撒在育茄苗床上，对定植棚室土壤表面进行药剂封闭灭菌。施用44%精甲霜灵·百菌清悬浮剂500倍液，或68%精甲霜灵·锰锌水分散粒剂500倍液对定植前的穴窝或定植沟表面喷施，如图73，这样可以有效杀灭土壤表面的菌核病菌，减少侵染机会。

（3）清洁田园。清除田间病残体，带出田外集中烧毁。

图73　移栽前土壤用杀菌剂封闭灭菌

药剂救治：建议采用辣（甜）椒一生保健性病害防控方案（即大处方）进行整体预防。

除采用辣椒一生保健性病害防控大处方进行整体预防外，也可选用25%嘧菌酯悬浮剂1 500倍液灌根，或用75%百菌清600倍液喷施预防。药剂救治可选用10%苯醚甲环唑水分散粒剂800倍液、56%百菌清·嘧菌酯悬浮剂1 000倍液、32.5%苯醚甲环唑·嘧菌酯悬浮剂1 200倍液、50%嘧菌环胺水分散粒剂1 200倍液、40%嘧霉胺水分散粒剂1 200倍液、50%

乙霉威·多菌灵可湿性粉剂800倍液、50%啶酰菌胺可湿性粉剂800倍液喷雾。

叶枯病

【典型症状】辣椒叶枯病又称斑枯病。主要为害叶片、叶柄和果实。露地辣椒发病较多。感病叶片初期在叶背面生出水渍状小圆斑或近似圆斑，边缘深褐色，病斑中心略凹陷，呈灰白色，如图74。重症时整株叶片脱落，如图75。

图74 感染叶枯病的辣椒叶片

图75 感染叶枯病而落叶的辣椒植株

【疑似症状】叶枯病的感病枝干和果实脱落非常容易与菌核病的枝干症状相混淆，虽然叶片、果实脱落与菌核病有相近的地方，但是两病发生的时间、季节不一样。菌核病多发生在温差大的阴雨季节，设施栽培地块发生重。叶枯病发生在高温季节，露地积水地块发生多。可以根据时间和气候特点、栽培地块判断病害种类。

【发病原因】辣（甜）椒叶枯病菌以菌丝和分生孢子器在病残体、多年生茄科杂草上或附着在种子上越冬，借风雨或靠雨水反溅传播，从气孔侵入。发病适温为22 ~ 26℃，湿度接近饱和、多雨季节发病重。施用未腐熟的有机肥或栽培在旧苗床上、种植密度大、氮肥施用过量、田间积水易发病。

【救治方法】参见菌核病的救治方法。

褐斑病

【典型症状】褐斑病常发生在辣（甜）椒生长中后期，主要为害叶片。染病初期叶片呈水渍状褐色小斑点，如图76，病斑颜色较鲜亮，逐渐扩展成不规则深褐色病斑，病斑中央呈黑褐色亮点，如图77，并在周围伴有一条轮纹宽带，严重时病斑连片，导致叶片脱落。

图76 辣（甜）椒褐斑病初期病斑

图77 辣椒褐斑病黑褐色亮点斑

【疑似症状】病斑圆形或不规则水渍状，黑绿色至黄褐色，这些症状容易被误认为是褐斑病，但是该病斑有不规则隆起呈疮痂状，如图78，重症时茎秆有纵裂现象，这是疮痂病与褐斑病的区别。

图78 疑似褐斑病的疮痂病辣椒叶片

【发病原因】病菌以菌丝体或菌丝块随病残体或在病叶上越冬，借风雨传播，从伤口或气孔侵入，高温高湿条件下发病严重。春季保护地辣（甜）椒生长后期和雨季到来时节有利于病害流行。

【救治方法】

生态防治：实行轮作倒茬；地膜覆盖方式栽培可有效减少初侵染源；适量浇水，雨后及时排水；盛果后期打掉老叶，增强通风；合理增施钾肥、锌肥，注意补充镁、钙等微肥。

药剂救治：建议采用辣（甜）椒一生保健性病害防控方案（大处方）进行整体预防。

病害有潜伏期，发病后防治已经非常被动，防不胜防。除采用大处方预防外，采用25%嘧菌酯悬浮剂1 500倍液预防也会有非常好的效果。救治可选用75%百菌清可湿性粉剂600倍液，或56%百菌清·嘧菌酯悬浮剂1 000倍液、32.5%苯醚甲环唑·嘧菌酯悬浮剂1 200倍液、32.5%吡唑萘菌胺·嘧菌酯悬浮剂1 500倍液、42.8%氟吡菌酰胺·肟菌酯悬浮剂1 500倍液等喷雾。

疮痂病

【典型症状】幼苗、茎秆、叶片至幼果均可感染疮痂病。病菌通过植株的输导组织韧皮部和髓部进行传导和扩展，在叶片上形成灰白色至灰褐色病斑，如图79。剖开茎秆可见茎内褐变，向上下两边扩展。感病后期，茎秆基部皮层腐烂，如图80。秆内中空，病斑下陷或纵开裂，如图81。潮湿条件下病茎和叶柄会溢出菌脓，重症时全株枯死。植株上部呈萎蔫青枯状，如图82。叶片染病病斑边缘褪绿，病斑圆形或不规则形，水渍状黑绿色至黄褐色。果实染病，可见果面隆起的白色圆点，如图83。病斑融合连在一起可形成较大斑点，引起叶片脱落，如图84。凸起带轮纹病斑是诊断辣（甜）椒疮痂病的典型症状。不同的季节和栽培条件下疮痂病的症状不尽相同。

图79　感染疮痂病的辣椒叶片

图80　感染疮痂病的辣椒茎秆基部皮层腐烂

图81　感染疮痂病的茎秆病斑下陷或纵裂

图82　感染疮痂病植株上部呈青枯状萎蔫

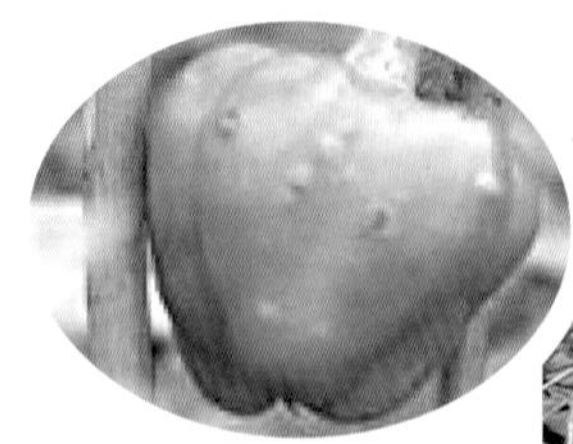
图83　疮痂病病果上隆起的白色圆点疱斑

图84　感染疮痂病植株叶片脱落

【疑似症状】疮痂病易与褐斑病相混淆，褐斑病叶片呈现不规则褐色斑，病斑中心浅灰色，病果长势不均匀，如图85。区别在于疮痂病病果是病斑长在果实表面凸起上，而褐斑病病果没有凸起，病斑呈褐色。褐斑病病斑中心黄褐色，疮痂病病斑中心是灰白色斑点。

图85　疑似疮痂病的褐斑病叶片

露地辣椒叶片失绿性灰白色病斑疑似疮痂病，如图86。但是茎秆没有褐变，整个植株表现健康，褪绿白斑发生在辣椒植株下部叶片，如图87，观察辣椒行间杂草枯黄，再询问菜农后得知5天前喷施过百草枯，判断是灭生性除草剂喷溅到辣椒叶片上所致。

【发病原因】辣（甜）椒疮痂病是细菌性病害。病菌侵染

图86　疑似疮痂病的百草枯药液喷溅辣椒叶片产生的枯斑

图87　灭生性除草剂行间除草，药液喷溅辣椒叶片症状

幼苗、茎秆、叶片、幼果，从幼苗期至结果盛期均可感染疮痂病。病菌通过植株的输导组织韧皮部和髓部进行传导和扩展，病菌可在种子内、外和病残体上越冬，可以在土壤中存活2～3年。病菌主要从伤口侵入，包括整枝打杈时损伤的叶片、枝干和移栽时的幼根，也可从幼嫩的果实表皮直接侵入。由于种子可以带菌，其病菌远距离传播主要靠种子、种苗和鲜果调运；近距离传播靠雨水和灌溉。保护地大水漫灌会使病害扩大蔓延，农事操作接触病菌、溅水也会传播。长时间结露和暴雨天气发病重。保护地、露地均可发生。早春移栽及整枝打杈和高湿环境会造成茎秆和叶片感病。夏播多雨季节，有喷灌的大棚和温室，果实易感病；该病近年来在国外引进品种上时有发生。

【救治方法】

生态防治：

（1）加强田间管理。清除病株和病残体并烧毁，病穴撒入石灰消毒，如图88。采用高垄栽培，如图89。避免带露水或在潮湿条件下进行农事操作等。

图88　拔除病株后病穴撒石灰消毒

图89　高垄栽培的辣椒

（2）种子消毒。用55℃温水浸种30分钟，或在70℃条件下干热灭菌48 ～ 72小时，或用72%硫酸链霉素可溶粉剂500倍液浸种30分钟。

药剂救治：预防疮痂病，初期可选用47%春雷·王铜可湿性粉剂800倍液，或77%氢氧化铜可湿性粉剂500倍液、27.12%氧氯化铜悬浮剂800倍液喷施或灌根，或用25%链霉素·琥珀铜片剂400倍液喷施。每667米^{2}用90%硫酸铜晶体3 ～ 4千克撒施后浇水处理土壤可以预防疮痂病。

青枯病

【典型症状】辣（甜）椒青枯病是细菌性病害。主要为害叶片、幼嫩生长点，后期发展到整株萎蔫青枯即不变色枯死。感病时上部叶片颜色较浅（绿）萎蔫，如图90，并不明显表现病斑变色，萎蔫植株傍晚可恢复正常生长，后期叶片变褐黄色，生长点枯死，如图91、图92。纵剖病茎维管束变褐色，保湿后有菌脓流出，这一点区别于枯萎病。由于维管束的病变致使植株整体呈萎蔫症状，如图93。

图91 辣（甜）椒青枯病株生长点枯死

图90 青枯病株上部叶片颜色较浅（绿）萎蔫

图92 辣椒青枯病发生后期生长点枯死

图93 发生青枯病的田间辣椒植株萎蔫状

【疑似症状】辣（甜）椒生长后期，茎秆变褐，有纵长形病斑出现，疑似青枯病，如图94，但是茎秆上均为黄褐色斑点，并没有菌脓。辣椒整株萎蔫却没有幼嫩生长点和枝茎枯死现象，也没有水渍状病斑和菌脓，观察拔出的病株，根部整体黑褐病变，判断是疫病所致。

图94 疑似青枯病的辣椒疫病枝干病变状

【发病原因】病原为细菌，可在种子内、外和病残体上越冬。病菌主要从叶片或果实的伤口侵入，借助飞溅水滴、棚膜水滴下落或结露、叶片吐水、农事操作、雨水、气流传播蔓延，进入植株体内靠维管束组织扩展，常造成导管堵塞和细胞中毒，这是叶片和植株萎蔫现象的根本原因。土温是病害发生的重要因素。适宜发病温度为30 ~ 35℃，相对湿度70%以上容易促使病害流行。大雨或连阴雨后骤晴、气温急剧升高、湿热空气蒸腾交织，病害发生严重。连作重茬、盐渍化土壤的地块或排水不良、钾肥不足及酸性土壤均有利于青枯病的发生与流行。

【救治方法】

生态防治：

(1) 选用耐病品种。在北方设施种植区域，选用抗寒性强的杂交抗病品种。可选的品种有冀研4 号、冀研6 号、冀研7 号等系列，引进品种玛索、世纪红、红英达、美梦、火鹤5号、天问1号、天问2号、天问3号等。

(2) 农业措施。①轮作倒茬，与瓜类或大田禾本科作物进行5 年以上的轮作。②改良土壤，对酸性土壤增施草木灰和石灰，每667米^2 (1亩) 施100 ~ 150千克，使土壤呈微碱性或中性，抑制青枯病菌的繁殖。③清除病株和病残体并带出田外烧毁，病穴撒入石灰消毒。④采用高垄栽培，严禁阴天、带露水或潮湿条件下整枝绑蔓等农事操作。⑤改进育苗栽培技术。提倡营养钵育苗（图95），或营养块育苗（图96），做到少伤根培育壮苗，提高抗病能力。

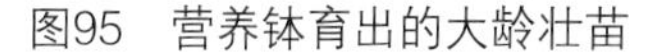
图95 营养钵育出的大龄壮苗

图96 营养块育苗

（3）种子消毒。用55℃温水浸种30分钟或70℃条件下干热灭菌72小时，或用72%硫酸链霉素可溶粉剂500倍液浸种30分钟。

药剂救治：预防细菌性病害初期可选用47%春雷·王铜可湿性粉剂800倍液，或77%氢氧化铜可湿性粉剂500倍液、14%络氨铜水剂300倍液、27.12%氧氯化铜悬浮剂800倍液喷施或灌根。每667米^{2}用90%硫酸铜晶体3～4千克撒施后浇水处理土壤，可以预防细菌性病害。

根腐病

【典型症状】辣（甜）椒根腐病是土传病害，苗期、成熟期均有发生。苗期多因营养土带菌而发病，如图97。感病植株发病初期表现为下部部分叶片萎蔫黄化、枝干软弱不挺立。根部黑褐色，不缢缩，如图98。切开根、主茎，可见到根部黑色病变，但并没有由维管束向上传导，如图99。高湿、田间积水时，根部枝干表皮脱落。晴天高温时，植株萎蔫枯死，不可恢复。严重发生时整株萎蔫死亡。根腐病与青枯病的区别是发病后青枯病萎蔫现象因导管组织病菌的逐渐堵塞而营养疏导缓慢，但死亡需要慢慢反复几天，根腐病是因根部枯烂已经丧失疏导营养功能，植株直接枯死，如图100。发病速度快于青枯病。

图97　秧苗发病，根部黑褐色枯干

图98　病株根部黑褐色

图99　切开根、主茎，可见到根部黑色病变

图100　田间植株死于根腐病状

【疑似症状】植株根部腐烂，枝干表皮脱落（图101）疑似根腐病，疏导组织没有病变，只是局部茎秆黑褐色病变。考察现场发现植株生长环境长期积水和土壤盐渍化，判断是细菌性疮痂病而非根腐病所致。

【发病原因】根腐病属于真菌性病害。病原菌为镰孢菌，在土壤中及病残体上越冬。可在土壤中长期存活，从根部伤口侵入。高温高湿环境条件、连作、盐渍化土壤、低洼地、黏重土壤发病重。

图101　疑似根腐病的细菌性疮痂病枝干

【救治方法】

生态防治：

(1) 加强田间管理，科学施肥。适当增施生物菌肥和磷、钾肥，培育壮秧。

(2) 控湿。适量浇水，雨后及时排水，降低湿度，增强通风透光。

(3) 清洁田园。收获后及时清除病残体，并带出田外集中烧毁。

(4) 实行轮作倒茬。露地辣（甜）椒需轮作倒茬，应与葱、姜、蒜等非茄科作物实行2 ～ 3年轮作，可减轻发病。

(5) 地膜覆盖方式栽培可有效减少初侵染源。

(6) 设施棚室需要进行土壤闷棚杀菌。合理增施钾肥、锌肥，注意补镁补钙。

生物农药系统防治：定植、盛果期二步施用枯草芽孢杆菌对于直根栽培或重茬辣椒，一生中三个环节施用具有防治根腐病是非常关键点。用枯草芽孢杆菌预防设施辣椒苗期感染根腐病效果显著。

(1) 育苗：3 ～ 4真叶时：用30亿活芽孢/克枯草芽孢杆菌可湿性粉剂500倍淋灌幼苗。

(2) 定植时：配药土，以药与土比按1 ： 50的30亿活芽孢/克枯草芽孢杆菌可湿性粉剂与细土配成药土，每穴每株50

克穴施，或用800倍药液每穴250毫升灌根（灌窝），定植缓苗生长期对根腐病有较好的防效。

（3）开花前：灌根。在辣椒开花前，每667米^{2}用25%嘧菌酯悬浮剂100毫升对150升水灌根或对水50升制成母液随滴灌根施。无论发病和不发病都要灌药预防。即25%嘧菌酯悬浮剂1 500倍液每株灌50毫升，或滴灌施药（每667米^{2}用药100毫升）。

进行生物菌系统防治时需要强调的是：种植设施辣椒的，一定要在土壤中有机肥含量或施入有机肥较充分的前提下进行，土壤越肥沃，有机质含量越高，防治效果就越好。土壤盐渍化或化肥田，或沙性、肥力低下的土壤，防效不会太理想。

药剂救治：建议采用辣（甜）椒保健病害防控方案（大处方）进行整体预防。

施药方法是灌根。定植时可选用10亿活芽孢/克枯草芽孢杆菌可湿性粉剂1 000倍液每株250毫升穴灌，如果在门椒期加强，可再灌根一次，效果会更好；或用25%嘧菌酯悬浮剂3 000倍液灌根。75%甲基硫菌灵可湿性粉剂800倍液，或2.5%咯菌腈悬浮剂1 500倍液、80%代森锰锌可湿性粉剂600倍液、10%双效灵水剂400倍液、50%多菌灵可湿性粉剂500倍液，每株250毫升，在生长发育期、开花结果初期连续灌根，早防早治效果很明显。

线虫病

【典型症状】线虫病就是菜农俗称“根上长土豆”的病，如图102，主要为害植株根部或须根。根部受害后产生大小不等的瘤状根结，如图103，剖开感病部位会有很多细小的乳白色线虫埋藏其中。地上植株会因发病而生长衰弱，中午时有不同程度的萎蔫现象，并逐渐枯黄。

【发病原因】病原线虫生存在5 ~ 30 厘米的土层之中。以卵或幼虫随病残体遗留在土壤中越冬。借病土、病苗、灌溉水

图102　辣（甜）椒线虫病症状

图103　感染线虫病的根系瘤状根结

传播，可在土中存活1 ~ 3年。线虫在条件适宜时由寄生在须根上的瘤状物，即虫瘿或越冬卵，孵化形成幼虫后在土壤中移动到根尖，由根冠上方侵入定居在生长点内，其分泌物刺激导管细胞膨胀，形成巨型细胞或虫瘿，称根结。田间土壤的温湿度是影响卵孵化和繁殖的重要条件。一般喜温蔬菜生长发育的环境也适合线虫的生存和为害。我国南方温湿条件有利于线虫发生为害。北方随着冬季保护地种植辣（甜）椒面积的扩大和种植时间的延长，给线虫越冬创造了很好的条件。连茬、重茬地种植棚室辣（甜）椒，线虫的发生有日益严重的趋势。越冬栽培辣（甜）椒的产区，茄科作物连作重茬，线虫病害发生普遍，已经严重影响了冬季辣（甜）椒生产和效益。

【救治方法】

生态防治：

(1) 用无虫土育苗。选大田土或没有线虫的土壤与不带病残体的腐熟有机肥以6 ∶ 4的比例混均作营养土，每立方米营养土加入1.8%阿维菌素乳油100毫升混均用于育苗。现代化育苗设施的营养土一定要消毒灭虫。不要在发生线虫病的棚室内育苗，实在躲不开的，建议地面加设一层地砖，或反扣穴

图104　棚室地面反扣穴盘隔离防线虫侵染的育苗方式

盘作支垫（图104），上铺一层棚膜隔离开以减少污染。

（2）高温闷棚杀虫。土壤填充物秸秆+粪+尿素+速腐剂+100%土壤含水量闷棚。注意：防治线虫时，土壤含水量应该是大水漫灌，给人的感觉是土表面有积水，持续闷棚15天，这样效果才会好。

（3）药剂处理闷棚杀虫。辣椒拉秧后的夏季，土壤深翻40～50厘米，混入沟施生石灰每667米^2 200千克、1.8%阿维菌素乳油250毫升、40%辛硫磷颗粒剂1 000毫升混入棚室土中。可随即加入松化物质秸秆500千克（图105），旋耕（图106），挖沟，大水漫灌后覆盖棚膜高温闷棚，如图107，或铺地膜盖严压实闷棚，15天后可深翻地再次大水漫灌闷棚，持续20～30天，如图108，可有效降低线虫病的为害。处理后需要增施磷、钾肥和生物菌肥，以增加土壤有机活性。

图105　铺入秸秆松化物质，撒入药剂和腐菌酵素——药剂闷棚杀虫

图106　旋　耕

图107　大水漫灌洇透

图108　覆地膜，盖棚膜闷棚

药剂防治：

（1）一般线虫为害在辣（甜）椒生长中后期表现症状。但是考虑到用药安全间隔期和早期防控效果，必须在定植前施药。每667米^{2}用10%噻唑磷颗粒剂1.5～2千克与细沙或肥料混匀，平整土壤后，均匀撒施于土壤表面或沟中，旋耕后尽快定植并浇定植水。仅建议定植前施用，不提倡种植后灌根。避免因药剂过多造成药害和残留。

（2）生长中期灌根施药，可以选用41.7%氟吡菌酰胺悬浮剂每667米^2 55～66毫升滴灌或灌根。人工灌根施药可以用10毫升药剂对水16升，松动喷头对准植株，每株停留3秒钟，这样大约每16升背负式喷雾器可以灌350～370棵植株。该药也可以在定植前施用。

三、辣（甜）椒生理性病害的诊断与救治

在蔬菜生产一线，菜农对生理性病害的认知非常模糊。生理性病害占病害发生比例正逐年增加，已经成为影响蔬菜生产的重要障碍。因生理性病害误诊而错误用药产生的各种药害现象普遍发生。又因多种农药混施造成的复合症状给诊断带来难度。

低温障碍

【症状】辣（甜）椒幼果果皮呈紫色斑痕，如图109。植株生长缓慢，易落花（图110）。花芽分化障碍，产生畸形果，如图111。叶片呈浅紫褐色，边缘枯卷，如图112。植株根系变锈黄褐色，少有新根和须根，老根有腐朽坏死现象，根、茎基部处有腐烂，如图113，持续时间长了，导致死秧。

图109　幼果果皮呈紫色斑痕

图110　辣椒株落花、僵蕾

图111　花芽分化障碍产生畸形果

图112　叶片呈紫褐色

图113　锈根、沤根

【发病原因】辣（甜）椒是喜温作物，生长发育适宜温度为20～30℃，对寒冷的耐受程度是有限的。气温低于20℃、温差过大、温度骤降均会导致其生长发育障阻。温度低于14℃时植株停止生长，低于10℃新陈代谢紊乱，授粉和果实发育受到影响。在冬春季或秋冬季节栽培或育苗时，遭遇寒冷，或长时间低温或霜冻时辣（甜）椒植株本身会产生一系列寒害症状。分苗、移栽浇水量过大、持续低温阴天、土壤积水通透性差，根系吸氧不足，发病重。

【救治方法】

（1）选择种植耐寒、抗低温、抗弱光的设施栽培品种。如玛索、红世纪、红英达、冀研6号及73-74、硕研系列等。

（2）根据生育期确定加温等保苗措施，避开寒冷天气移栽定植。提前定植应该考虑采取多层覆膜等保温措施。

（3）育苗注意保温，可采用加盖草毡、棚中棚等进行保温抗寒。

（4）突遇霜寒，应采取临时加温措施，烧煤炉或铺设地热线、土炕等。

（5）定植后提倡全地膜覆盖，进行膜下渗浇，小水勤浇，切忌大水漫灌，有利于保温降湿。

（6）有条件的可安装滴灌设施，既可保温降湿还可有效地阻止病原菌传播。做到合理均衡施肥浇水。这是无公害蔬菜生产的必然趋势。

（7）喷施抗寒剂。可选用3.4%赤·吲乙·芸可湿性粉剂4 000倍液或3克药（1袋药）加15千克水（1喷雾器水）喷施会有较好的耐寒效果，或用55%益施帮水剂800倍液、50克红糖对1喷雾器水加0.3%磷酸二氢钾喷施。

高温障碍（日灼病）

【症状】高温障碍又称日灼病、日烧病。叶片叶肉褪绿白化，如图114。果实直接面向太阳被阳光灼伤，果面初期褪绿、失水，果肉变薄，如图115、图116，继而病部凹陷，果肉组织坏死呈浅灰白色，如图117。病部容易感染杂菌生出黑褐色霉层，如图117。重症时腐烂。

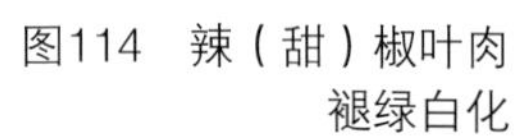

图114　辣（甜）椒叶肉褪绿白化

图115　日灼病的灰白色病斑果

图116　灼伤的甜椒果实

图117　灼伤初期果面褪绿、失水，果肉变薄

图118　日灼病部感染杂菌长出霉层

【发病原因】辣（甜）椒是喜温、中等喜光照的作物。过强的光照对辣（甜）椒生长发育不利，抑制植株生长。春季大棚或塑料小拱棚内栽培的甜椒，植株的生长势远比露地栽培的要强，过强的光照易引起果实患日灼病，特别是高温、干旱、强光综合作用下，植株生长缓慢，密度相对稀疏，植株之间遮阴性差，果实直接暴露在强光照下易造成日灼病斑果。

【救治方法】

(1) 选用抗高温或越夏耐热品种。如火鹤5号、先辣5号、天问2号等。

(2) 合理密植，以使植株间适当遮阴。露地栽培辣椒建议采取双株一穴，每667米^{2}不少于8 000株，保护地栽培则依品种特性而定，以结果时垄间能互相遮挡为宜。

(3) 露地种植，可实行辣椒与玉米等高秆作物间作(图119)；保护地应加设遮阳网，以减少日灼病的发生，如图120。

图119 辣椒与玉米间作

图120 加设遮阳网

（4）增施磷、钾肥，促使果实发育。结果期注意及时浇水，避免干旱。促大秧，尽早封垄。

（5）及早防虫，避免因虫害引起落花落叶导致遮阴差。

筋腐病

【症状】辣（甜）椒筋腐病果实着色不均匀，如图121，呈现不规则褐色病斑，如图122，一般为褐色条状不规则病斑，果实坚硬不腐烂。切开病果可见褐色坏死性筋腐条纹，如图123。果实因有病斑而着色不均匀，没有商品价值。

【发病原因】筋腐病多发生在冬季，低温、弱光易使植株徒长、土壤盐渍化比较均易发生筋腐病。这种条件下辣（甜）椒植株体内的碳水化合物不足，代谢失调，致使维管束木栓化。此病的发生多与栽培管理不良、过量施用氮肥，造成缺钾、镁肥，使植株体内多项微量元素缺失，保护地棚室如果夜晚温度

图121 筋腐病果实着色不均匀

高，会造成碳水化合物的供给不足，造成碳水化合物的代谢与分布不均，糖分转化不均匀导致黑筋果、白化果、青斑果、透明玻璃斑果。施用未腐熟的肥料以及过度密植、小苗定植、苗弱，缓苗期长、生长慢的植株易患筋腐病。

图122　筋腐病病果上产生褐色病斑

图123　剖开病果可见褐色坏死条斑

【救治方法】

（1）种植抗病品种。可选抗（耐）病品种，如玛索、茱迪等。尽可能的轮作倒茬，高温闷棚，秸秆还田，改善土壤通透性等生长环境，缓解单一种植带来的营养失调。

（2）合理密植，增施有机肥和生物菌肥，配方施入氮、磷、钾肥和复合肥。生产中用枯草芽孢杆菌灌根、开花坐果期用益微生物菌肥淋灌，或施入海藻菌肥可以改善辣（甜）椒开花坐果期营养均衡吸收问题，效果良好。同时，应注意施用复合肥，尤其是适量施入锌、镁、钙、铁等微量元素，这对减轻筋腐病非常重要，如结果期补充90%高效腐植酸生物动力素益施帮，或古米叶、瑞培绿、多维禾谷等都是示范中受到肯定的微量元素或动力素。及时补充螯合锌、螯合镁、螯合钙、螯合铁等效果也不错。

（3）冬季栽培的辣（甜）椒应该加强采光。可架设植物生长灯、反光幕布。引进品种应注意适当稀植，加强排水，高畦栽培。

脐腐病

【症状】辣（甜）椒脐腐病又称蒂腐病，多发生在土壤板结、重茬、盐渍化重的地块，幼果期开始发病，如图124，果顶或侧面发病初期病斑呈水渍状，逐渐转化成暗褐色下陷，如图125，失水后收缩成皮囊状，如图126。重发生时，在湿度大的条件下被杂菌侵染产生深褐色或深红色霉状物，果肉腐烂。脐腐有时可扩展到半个果面，如图127。发生脐腐病的果实没有任何商品价值。

图125　脐腐病病斑暗褐色水渍状，逐渐下陷

图124　感染脐腐病的甜椒果实

图126　脐腐果失水收缩成皮囊状

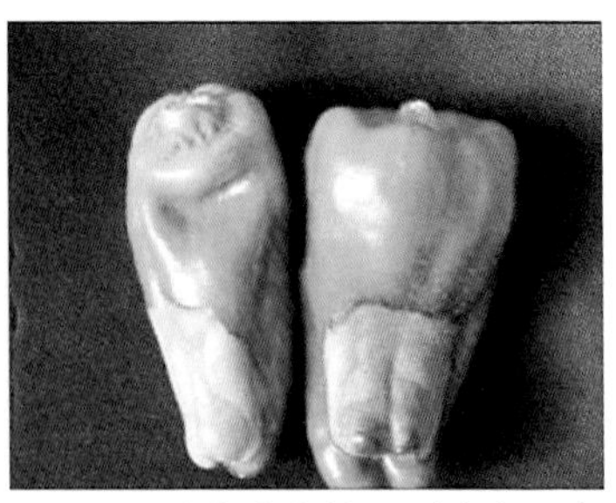

图127　重症脐腐扩展到半个果实

【发病原因】开花期前后，土壤忽干忽湿，气温忽高忽低，水分、气温变化剧烈，辣（甜）椒根系活力下降，钙吸收受到抑制，会造成钙素缺乏。缺钙会造成细胞间隔膜破坏，细胞四分五裂，组织坏死。幼果最先呈现缺钙坏死症。过量加施氮肥和钾肥，会抑制钙的吸收，也会导致脐腐病的发生。沙性土壤，因肥水不易储存，温湿度变化大，遇大雨肥水易流失，补施的钙肥吸收转化较氮、钾慢也容易形成脐腐果。重症盐渍化土壤，因盐浓度过高造成根压吸收无力，植株营养缺乏，也是导致脐腐病发生的因素。

【救治方法】

（1）合理施肥浇水，杜绝干旱和大水漫灌，增施有机肥，增强土壤通透性。注意中耕松土，排水。

（2）采用地膜覆盖技术，保持土壤中均衡的水分供应。建议使用滴灌技术和营养钵或营养块育苗，避免根系受伤害。

（3）移栽田间后不蹲苗，促大秧、大苗，尽早促使根系发达，增强植株吸水能力。

（4）合理施用氮肥，注意增施生物钾肥和海藻菌肥，保障钙素充分移动和吸收。防止植株徒长和土壤盐渍化。

（5）花期前后，喷施速乐硼加益施帮，或螯合钙、1%过磷酸钙、0.1%氯化钙1 ～ 2次。喷施益施帮的效果是最好的。

土壤盐渍化障碍

【症状】辣（甜）椒植株生长缓慢、矮化，叶色深绿，分枝少，易落叶，如图128。叶缘有浅褐色枯边现象，早晚生长正常，中午高温强光环境下脱水性萎蔫，如图129。生产中常与枯萎病、青枯病症状混淆。

【发病原因】在重茬、连茬、有机肥严重不足、大量施用化肥的种植地块经常发生辣（甜）椒营养不良的现象。这与长期施用化肥，会使土壤中的硝酸盐积累。由于肥料中的盐分不会或很少向下淋失，造成土壤中的盐分借毛细管水

图128 矮化深绿，分枝障碍的辣椒田间症状

图129 高温强光环境下脱水性萎蔫的辣（甜）椒

上升到表土层积聚，盐分的积聚使土壤根压过小，造成各种养分吸收输导困难，导致植株生长缓慢。因植株周围根压过小，土壤反而向植株索要水分，造成局部水分倒流，同时保护地棚室或夏季露地的温度高，水分蒸发量大，叶片因植株吸收水分和养分不足，呈叶缘枯干状，重症则整株萎蔫或枯萎。

【救治方法】

（1）科学施肥。增施有机肥，测土配方施肥，尽量不用容易增加土壤盐类浓度的化肥，如硫酸铵。重症地块灌水泡田淋失盐分，并及时补充淋失的钙、镁等微量元素。

（2）改良土壤。深翻土壤，增施腐熟秸秆等松软性填充物，增强土壤通透性和吸肥性能。已经种植好的地块发生肥害后，每667米^{2}可以用腐菌酵素1千克冲施，以缓解因肥害造成的生长障碍，也可用30亿芽孢/克枯草芽孢杆菌可湿性粉剂1千克，淋灌或冲施，可缓解症状。生产中每667米^{2}施用松土精或阿克吸晶体200克可局部改善一下生长环境，但不是长久之计。

氮（中毒）过剩症

【症状】辣（甜）椒氮过剩症表现为植株组织柔软，叶片肥大，贪青徒长，叶色浓绿，如图130。顶端叶片卷曲，叶片易拧转，花芽分化和生长紊乱，易落花落果。营养生长期氮素过剩产生烧灼性枯干死亡，如图131。育苗营养土加入过量的氮素会造成秧苗烧叶，叶缘呈褐色枯边，或枯干死亡，如图132。

图130　辣（甜）椒氮过剩症，上部叶柄拧转

图131　定植后大量施入尿素造成的烧灼性干枯死亡

图132　营养土氮过量造成烧苗萎蔫

【发病原因】过量施入氮肥，氮肥转化成了氨基酸进而转化成生长素，刺激了植株幼叶的快速生长。连茬种植蔬菜唯恐施肥不足而大量施入氮肥是造成氮过剩（中毒）的主要原因。育苗营养土加入过量的氮素会造成秧苗根系周围氮浓度过高，水吸附障碍，表现为烧根中毒枯死。

【救治方法】

（1）测土配方施肥，多施有机肥，严格掌握化肥的施入量。

（2）秸秆还田，改善土壤的通透性和微生物活性。增施生物钾肥，避免硝态氮的产生及中毒现象。

（3）增加灌水和腐菌酵素的混合冲施，降低根系周围氮元素的浓度，以缓解因氮过量造成的烧灼性肥害。

缺镁症

【症状】辣（甜）椒缺镁的典型症状是老叶片叶脉之间叶肉褪绿黄化，如图133，形成疑似病毒病的斑驳花叶，叶片发硬，叶缘稍向上卷翘，重症时会向上部叶片发展，逐渐黄化，直至枯干死亡。

图133　缺镁造成的叶肉褪绿黄化

【发病原因】由于施氮肥过量造成土壤呈酸性，影响镁肥的吸收，或钙中毒造成碱性土壤也会影响镁肥的吸收，从而影响叶绿素的形成，导致叶肉黄化现象。低温时，氮、磷肥过量，有机肥不足也是造成土壤缺镁的重要原因。

【救治方法】增施有机肥，合理配施氮、磷肥，配方施肥非常重要。及时调试土壤酸碱度，改良土壤，避免低温，补镁的同时应该加补钾肥、锌肥。多施含镁、钾肥的厩肥。叶片可喷施1%～2%的硫酸镁或螯和镁、螯合锌等。

涝　害

【症状】土壤阶段性积水，淹没或部分淹没生长植株所造成的危害是不可忽视的。蔬菜生产中自然水淹的现象不是很多，但人为的大水漫灌或定植后的大水浸泡，或遇雨积水，造成土壤过湿，则会发生涝害，如图134。它虽然对植株不构成死亡危害，但是直接影响植株的生长发育，使其易感染病害，减产是不可避免的。涝害植株根系因水淹缺氧呼吸困难，生长发育受阻，根系弱小，根尖变黑，有烂根现象。地上植株叶片萎蔫、枯黄。

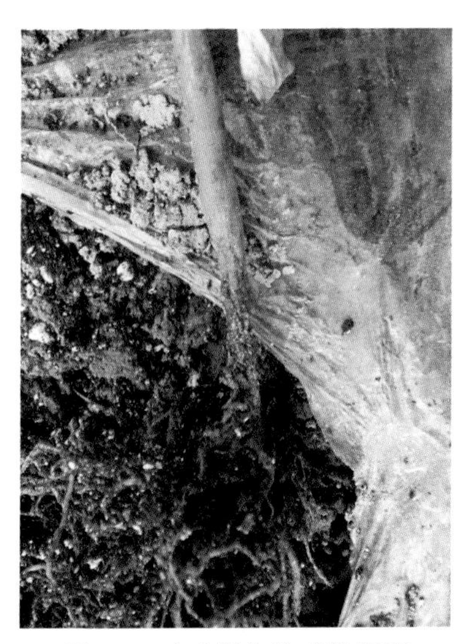

图134　大水浸泡造成的根腐

【发病原因】水涝对蔬菜根的影响最大。会使根的活力下降，因缺氧，呼吸困难，使光合作用下降，二氧化碳扩散受到影响，二氧化碳的积聚促进无氧呼吸，削弱了植株本身的解毒能力，易发生毒害。水涝还可造成多种元素的缺失，如锰、铁、锌的流失。

【救治方法】高垄栽培，注意排水，尤其是露地栽培的辣椒，应采取高垄栽培和后期培土封垄模式，如图135。避免积水是种植辣椒的先决条件。设施蔬菜基地应合理灌溉，有条件的应该铺设滴灌设施，滴灌、喷灌、软管微灌、膜下渗灌均是简便易行的防涝害的好方法（图136）。涝害之后，应及时排湿，每667米^{2}适时追施生物钾肥5升、或海藻菌肥1千克，以期激活植株根系，使其尽快恢复生长和增强抗逆能力，并注意观察和预防病害发生，做到及时发现及时治疗。

图135　露地辣（甜）椒高垄栽培模式

图136　甜椒田间的滴灌设施

四、辣（甜）椒药害的诊断与救治

植物生长调节剂药害

【症状】辣（甜）椒幼嫩叶片和植株正常生长受到抑制，叶片细长，植株生长缓慢、紊乱，过早老化，幼苗生长受抑制呈畸形状，如图137。

图137　保花药喷施到生长点和嫩叶上所致药害

【药害原因】辣（甜）椒生产中，保花防落素、矮壮灵、比久、缩节胺、赤霉素等是常用的促进雌花分化和防止徒长的药剂，使用者往往只注重使用浓度并盲目大剂量用药，忽略了适用的生长阶段、过量使用对植株的抑制作用，以及只针对植株某一部位的特点，往往对花蕾喷施保花药的同时，将药液喷施或使药液雾滴落到幼嫩的生长点和嫩叶上，造成抑制叶肉细胞生长的后果。并常被误诊为病毒病，也就是菜农经常说的“小叶病”。在生产中，一些菜农认为保花药或壮秧灵任何生长时期都可以使用，只要辣（甜）椒秧雌花见少，就可喷施一些坐果灵增加雌花数量。其实不然，辣（甜）椒的生长分发芽、幼苗、开花、结果4个时期。花器分化在幼苗期，在育苗阶段使用坐果灵可以有效地促进花器分化。过了分化期再用坐果灵，其促进分化的作用低微而抑制生长的作用则明显，使结果期的幼果生长受到抑制呈畸形状。另外，过量或不严格使用矮壮素或保花药剂、促壮素等植物生长调节剂在某种意义上控制了徒长落花，但由于剂量过大，更多的则是限制了秧苗或植株的正常生长，使其老化、生长缓慢，并有生长紊乱现象发生。

【救治方法】

（1）科学用药，预防为主，采用配方用药，处方化防治，争取主动性预防，降低病害的发生率。

（2）掌握好植物生长调节剂的用药时机，单独使用，针对性强，切忌随意增高或降低药剂浓度，精细管理。

施药不当药害

【症状】施药不当药害症状大致有两种：

（1）大剂量用药、劣质喷雾器“跑、冒、滴、漏”，以及过量淋灌式用药造成植株叶片黄化，如图138。有机硅或乳油类药剂混用，造成药液渗透过快，叶片产生枯干性斑点，如图139。

图138 过量淋灌式用药造成植株黄化

图139 药液渗透过快导致叶片产生烧灼性枯斑

（2）喷雾器内残存植物生长调节剂或除草剂以及飘移性药剂均可导致辣椒药害，如图140，为玉米田喷施除草剂飘移导致辣椒苗叶片畸形，抑制植株生长。

图140　除草剂飘移导致辣椒苗叶片畸形

【药害原因】在蔬菜作物中辣（甜）椒对农药是比较敏感的，应严格掌握使用剂量，尤其是苗期更应该严格掌握使用浓度和药液量。机械化喷施农药应严格计算药量和掌握行进速度与着药量的相关性，并使药滴均匀。不同的农药在不同的蔬菜作物上的使用剂量是经过科学试验确定后才进行推广应用的，施用时不遵循农药包装说明书的要求，过量淋灌式用药是造成药害的重要原因；喷雾器质量差，药滴大小不匀，"跑、冒、滴、漏"是导致药害的另一个重要原因；多种药剂随意混用，超正常浓度用药也是造成药害的直接原因。

【救治方法】受害秧苗如果没有伤害到生长点，可以加强肥水管理促进快速生长。小范围的秧苗药害可尝试喷施生长调节剂赤霉素或施用益施帮生物动力素600倍液进行调节。生产中，应尽量将杀菌剂和植物生长调节剂、除草剂分别用两个喷雾器进行喷施操作，避免交叉使用导致药害的发生。

五、辣（甜）椒肥害的诊断与救治

肥　害

【症状】辣（甜）椒肥害症状有3种：

（1）施用未腐熟农家肥造成的氨气中毒，产生叶脉间黄化或叶缘出现水渍状斑纹，褪绿斑驳花叶，如图141。

（2）过量施腐熟农家肥或化肥或施用不当烧根，表现为辣椒幼苗根系呈褐色，不长新根，植株生长缓慢，叶片黄化，萎蔫枯死。如图142。营养土磷酸二铵浓度过高引起的烧苗症，如图143。

（3）叶面肥施用过量，使叶片僵化、变脆、扭曲、皱缩畸形，茎秆变粗，抑制生长图144。过量喷施尿素造成秧苗烧灼性黄化，如图145。

图141　土壤氨气熏蒸导致叶脉间黄化

图142　冲施肥浓度过高致使萎蔫枯死的甜椒植株

图144　叶面肥过量致使叶片皱缩畸形

图143　营养土磷酸二铵超浓引起的烧苗症

图145　过量喷施尿素造成的秧苗烧灼性黄化

【原因】设施栽培的辣（甜）椒在移栽定植时有一个闷棚提温和生根促成活的过程，但是，如果仅仅注意棚室温度，忽视了基肥的腐熟程度，就会造成氨气中毒，表现为叶脉间或叶缘出现水渍状斑纹，从而呈现黄化斑驳症。在营养土（苗床土）的配制中，掺入未腐熟的有机肥如鸡粪干，或施入过量化肥，也会对幼苗造成烧灼危害。表现为秧苗根系呈褐色，不长新根，作物吸肥受阻，从而影响叶片和整个植株生长发育，叶片边缘因营养不足而脱肥黄化。在冬季昼短夜长的生长条件下，还一味使用生长旺盛时期的叶面肥浓度，过多的氮素滞留叶面上不被吸收，叶片就会变厚、变脆呈现皱缩斑驳状。在生产中，人们对叶面肥的认知不是很充分，一些人认为多施点没坏处，其实不然。有些不规范厂商在叶面肥、冲施肥中加入对作物起刺激速效作用的激素类物质，剂量稍微多就会产生叶面肥害（有时是激素药害），表现为叶片僵化、变脆、扭曲畸形，茎秆变粗，抑制生长。

【救治方法】 工厂化集约育苗是解决育苗基质肥害最好的方法。采用标准化育苗，标准化管理，使用一次性灭菌后的育苗基质，如图146，采用育苗盘、营养钵育苗，如图147。加强水肥管理，标准化施肥浇水，秧苗生长势一致。

棚室栽培的辣（甜）椒，定植后一定注意棚室的通风透气。同时底肥一定要腐熟、深施，不要暴露于地表，以免产生的氨气熏蒸叶片造成肥害。配制育苗营养土时，应严格准确控制化肥的用量，不能估计用量，或尽量不用化肥作营养土的肥源，加足量腐熟好的有机肥配制即可。喷施叶面肥时，准确掌握剂量，越冬栽培辣椒喷施叶面肥的剂量应比平时减少1/3 ～ 1/2，最好施用生物菌肥，这对甜椒生产安全是最保险

图146　工厂化集约育甜椒苗

的。合理施肥，配方施肥。夏季或高温季节追施化肥时，应尽量沟施并覆土，避开中午时间施肥，应在傍晚施肥并及时浇水通风。有条件的棚室提倡采取滴灌施肥浇水技术，可有效避免高温条件下施肥造成的烧叶和肥水不匀。

图147　营养钵育苗

六、辣（甜）椒虫害与防治

烟粉虱

【为害状】烟粉虱是以成虫（图148）或若虫群集辣（甜）椒嫩叶背面刺吸汁液，使叶片褪绿变黄，如图149。由于刺吸造成汁液外溢诱发落在叶面上的杂菌形成霉斑，严重时霉层覆盖整个叶面，如图150。

图148　为害辣椒叶片的烟粉虱成虫

【为害习性】烟粉虱一般在温室为害，周年均可发生，没有休眠和滞育期，繁殖速度非常快。1个月完成1个世代。雌成虫平均产卵150粒左右，每一个雌虫还可以孤雌生殖10个以上的雄性子代。成虫喜食幼嫩枝叶，有强烈的趋黄色性。随着温度的提高烟粉虱繁殖速度加快。18℃时发育历期31.5天，24℃时24.7天，27℃时22.8天。可见温度越高生长繁殖速度越快，为害作物就越严重。到了夏秋季节烟粉虱为害达到高峰。因此，防治烟粉虱应该越早越好。

图149　烟粉虱为害后导致辣椒叶片褪绿变黄

图150　烟粉虱刺吸汁液诱发霉污覆盖叶面

【防治技术】

生物防治：棚室栽培可以放养浆角蚜小蜂、黄（胡）瓜新小绥螨等天敌防治烟粉虱。

物理防治：为阻止烟粉虱进入棚室，应在棚室入口和风口处设置40目防虫网。还可吊挂黄板诱杀，每667米^{2}吊挂30块黄板于棚室里，黄板距植株高度以80 ~ 100厘米为宜。

药剂防治：

（1）穴灌。建议采用穴灌施药（灌窝、灌根）法，即用强内吸杀虫剂35%噻虫嗪悬浮剂，在移栽前2 ~ 3天，以2 000 ~ 3 000倍的浓度（1喷雾器水加10克药）喷淋幼苗，使药液除喷到叶片上以外还要渗透到土壤中。平均每平方米苗床用4克药（即2克药对1喷雾器水，喷淋100棵幼苗），农民自己育苗秧畦可用喷雾器直接淋灌。持续有效期可达20 ~ 30天，有很好的防治粉虱的效果。还可以有效预防蚜虫。

（2）喷雾。可选用24.7%高效氯氟氰菊酯·噻虫嗪微囊悬浮-悬浮剂1 500倍液，或25%噻虫嗪水分散粒剂1 000 ~ 2 000倍液喷施，15天1次，或10%噻嗪酮可湿性粉剂800 ~ 1 000倍液与2.5%高效氯氟氰菊酯水剂1 500倍液混用、10%吡虫啉可湿性粉剂1 000倍液、1.8%阿维菌素乳油2 000倍液喷雾。

蚜　虫

【为害状】以成虫或若虫群聚在叶片背面（图151），或在生长点或花器上刺吸汁液为害辣椒，造成植株生长缓慢、矮小簇状。

【为害习性】蚜虫1年可以繁殖10代以上。以卵在越冬寄主上或以若蚜在温室蔬菜上越冬，周年为害。6℃以上时蚜虫就可以活动为害。繁殖适宜温度是16 ~ 20℃，春秋时10天左右完成1个世代，夏季4 ~ 5天完成1代。每个雌蚜产若蚜60头以上，繁殖速度非常快。温度高于25℃时高湿条件下不利

图151　蚜虫若虫在辣椒幼嫩叶片及生长点为害状

于蚜虫为害，这就是为什么在高温高湿环境下，蚜虫为害反而减轻的缘故。因此，在北方蚜虫为害期多在6月中下旬和7月初。蚜虫对银灰色有驱避性，有强烈的趋黄性。蚜虫还是辣（甜）椒病毒病的传毒媒介，预防病毒病也应该从防治蚜虫入手。

【救治技术】

生态防治：及时清除棚室周围的杂草。铺设银灰膜避蚜，如图152。设置黄板诱蚜，可就地取简易板材涂黄漆，上涂机

图152　铺设银灰膜避蚜

油吊至棚中，30 ～ 50米^{2}挂1块诱蚜板，如图153。

药剂防治：建议早期采用穴灌施药法防治，具体施药方法见烟粉虱防治技术，可有效控制蚜虫数量和为害。后期可选用24.7％高效氯氟氰菊酯·噻虫嗪微囊悬浮-悬浮剂1 500倍液，或25％噻虫嗪水分散粒剂1 000 ～ 2 000倍液喷施或淋灌，15天1次，或10噻嗪酮可湿性粉剂800 ～ 1 000倍液与2.5％高效氯氟氰菊酯水剂1 500倍液混用、10％吡虫啉1 000倍、1.8％阿维菌素乳油2 000倍液、48％乙基多杀霉素乳油2 000倍液喷雾防治。

图153　简易板材涂抹黄油漆再涂机油诱蚜

茶黄螨

【为害状】茶黄螨体非常小，以至于人们的肉眼看不到，只能借助显微镜才能观察到螨虫。以成螨或幼螨集中在茄果类蔬菜的幼嫩部位即生长点刺吸汁液，尤其是在辣（甜）椒的幼芽、花蕾和幼嫩叶片上为害。受害植株叶片增厚，变脆、畸形、窄小（图154）、皱缩或扭曲，严重时常被误诊为病毒病。叶片向背面卷曲呈灰褐色，节间缩短。幼茎僵硬直立。为害严重时生长点枯死呈秃顶状，植株矮小、畸形。受害果实畸形、表皮僵硬木栓化，如图155。果实膨大后表皮龟裂。

【为害习性】茶黄螨年发生25代以上。在北方露地不能过冬，只能以成螨在蔬菜温室棚的土壤里和越冬蔬菜的根际处越冬。依靠爬行、风力、农事操作传带以及苗木转移扩展蔓延。茶黄螨繁殖很快，25℃时完成1代仅需要12.8天，30℃时10天就繁殖1代。成螨对湿度要求不严格，但是高温高湿有利于螨

图154　被茶黄螨为害的叶片增厚、窄长

图155　茶黄螨为害果实导致表皮僵硬木栓化及果实畸形

虫的繁衍。雄螨可以背负雌螨向植株幼嫩的枝叶移动。茶黄螨仅靠自身移动活动范围有限，因此具有点片发生的特点。远距离传播多与人为传带和移栽等有关。因此，清园对控制茶黄螨的作用非常明显。

【防治技术】清除田园杂草和辣（甜）椒拉秧后的枯枝落叶，集中烧毁，不留残存枝条上的螨虫过冬，减少螨源基数。

茶黄螨生活周期较短，繁殖力强，应注意早期防治，防治用药参考红蜘蛛的防治方法。

红 蜘 蛛

【为害状】红蜘蛛是害螨，就是菜农常说的辣（甜）椒叶片“火龙”了的祸首。用肉眼能在叶子背面看到小红点刺吸为害叶片，如图156，以成螨或若螨集中在辣椒生长点刺吸汁液，造成秃顶（图157）和叶片褪绿性黄化。仔细查看，可见红蜘蛛常结成细细丝网。成螨和若螨在叶片背面刺吸汁液，叶片正面呈现小斑点，严重时叶片成沙点样，黄红色即“火龙”状，如图158。

图156　肉眼能看到的红蜘蛛（小红点）刺吸为害

图157　红蜘蛛刺吸辣椒生长点造成秃顶

图158　红蜘蛛为害后叶片呈沙点样“火龙”状

【为害习性】红蜘蛛以成螨在蔬菜温室大棚的土壤里和越冬蔬菜的根际越冬。依靠爬行、风力和农事操作传带以及苗木转移扩展蔓延。红蜘蛛繁衍很快，成螨对湿度要求不严格，这就是高温干旱条件下为害严重的缘故。红蜘蛛仅靠自身移动活动范围不大，因此具有点片发生的特点。远距离传播多与人为传带和移栽等有关。因此，清园对于防控红蜘蛛作用非常明显。

【防治技术】

生态防治：上茬辣（甜）椒拉秧后，清除枯枝落叶集中烧毁或深埋，减少螨源。加强肥水管理，重点防止干旱，可减轻螨害。

药剂防治：红蜘蛛生活周期较短，繁殖力强，应尽早防治，控制螨源数量，避免移栽携带传播。可选用10%噻螨酮乳油2 000倍液，或40%克螨特乳油2 000倍液、20%哒螨灵乳油1 500倍液，10 ～ 14天1次，或20%四螨嗪悬浮剂2 000 ～ 2 500倍液喷施，30天1次，采收前15 ～ 20天停止喷药。

蓟　马

【为害状】蓟马主要为害辣（甜）椒的嫩叶（图159）、生长点和花萼，锉吸叶片中的汁液致叶脉周围产生白点，严重为害后叶片皱缩、白点穿孔，如图160，造成叶片早衰，功能减退。被锉吸汁液的果皮木栓化，如图161。

图159　蓟马为害辣（甜）椒嫩叶

【为害习性】蓟马以成虫和若虫锉吸嫩瓜、嫩梢、嫩叶和花、果的汁液。1年发生8 ～ 18代不等。在南方因气候温暖繁衍迅速，四季均可为害，在北方季节分明繁衍稍慢，以夏秋季为害严重。以卵、若虫和蛹、成虫在土壤中羽化，出土后向上爬行至植株幼嫩部位为害。移动较快可以跳跃移动。有较强的趋光性和趋兰特性。

图161　被蓟马锉吸的辣椒果皮木栓化

图160　蓟马为害辣（甜）椒后致叶片皱缩

【防治技术】

物理防治：为阻止蓟马飞入棚室为害，设置40～60目防虫网，夏季育苗小拱棚应加盖防虫网。清除田间杂草，利用成虫趋蓝色性，在植株上方80～100厘米处设置蓝板诱杀成虫。

生物防治：释放草蛉、小花蝽等天敌昆虫于设施棚室内或田间。对蓟马有一定的控制作用。

药剂防治：建议采用穴灌施药（灌窝、灌根）法，即用强内吸杀虫剂35%噻虫嗪悬浮剂3 000倍液，在移栽前2～3天或定植后、开花前后灌根，对幼苗进行喷淋，使药液除叶片以外还要渗透到土壤中。菜农自己育苗秧畦可用喷雾器直接淋灌。持续有效期可达20～30天，有很好的防治蓟马和其他刺吸式害虫的作用。此方法可以有效预防蓟马的早期为害。辣（甜）椒生长后期，可选用24.7%高效氯氟氰菊酯·噻虫嗪微囊悬浮-悬浮剂1 500倍液，或40%乙基多杀霉素悬浮剂2 000倍液，或采用35%噻虫嗪悬浮剂3 000倍液+5%虱螨脲乳油1 500倍液混用喷施或淋灌，15天1次；或10%吡虫啉可湿性粉剂800～1 000倍液与2.5%高效氯氟氰菊酯水剂1 500倍液混用，或1.8%阿维菌素乳油2 000倍液喷雾防治。24.7%高效氯氟氰菊酯·噻虫嗪微囊悬浮-悬浮剂1 500倍液加5%虱螨脲乳油1 500倍液混喷对蓟马成虫、若虫和卵防治效果尚佳。

蛾类害虫

【为害状】棉铃虫、甜菜夜蛾、甘蓝夜蛾、烟青虫是为害辣椒的主要鳞翅目害虫。这类害虫主要以幼虫蛀食辣椒花、叶片，如图162，致使叶片呈缺刻状（图163），也有的蛀食嫩茎（图164）和幼蕾或啃食幼果皮，致使落花、落蕾，果实皮腐，失去商品价值，如图165。

图162　棉铃虫幼虫啃食的辣椒叶片

图163　甜菜夜蛾为害辣椒植株和叶片

图164　烟青虫幼虫啃食辣椒叶片

图165　被幼虫蛀食的辣椒果实

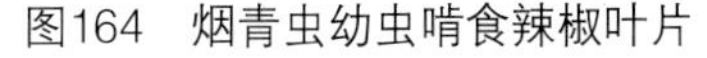

【为害习性】夜蛾类害虫食性很杂，几乎所有蔬菜均能被害。以幼虫蛀食叶片和幼果，多以为害秋季和露地栽培的辣（甜）椒为主，露地在6月中下旬夏秋季生长期发生。越夏、露地种植的辣（甜）椒生长发育期均可能（7月初）遭受幼虫为害。防控这类害虫要抓住卵期和低龄幼虫期，即幼虫尚未蛀入果实前的防控有利时机。

【防治技术】

农业防治：结合田间管理，及时整枝打杈，把嫩叶、嫩枝上的卵及幼虫一起带出田外烧毁或深埋；结合采收，摘除虫果集中处理，可减少田间卵量和幼虫量。

诱杀成虫：使用诱虫灯、杨树枝把、糖醋液诱杀成虫可减少田间虫源。

生物防治：在卵高峰期每667米^{2}用苏云金杆菌（Bt）可湿性粉剂300克对水喷雾。在棉铃虫产卵始、盛、末期释放赤眼蜂。每667米^{2}放蜂1.5万头，每次放蜂间隔期3 ～ 5天，连续放3 ～ 4次。

滴灌施药：在定植缓苗后选30%噻虫嗪·氯虫苯甲酰胺悬浮剂3 000倍液，逐一于根部施药或滴灌施药，防虫持效期可达60天，基本上对生长期的害虫达到了防控目的，省工、省时、省药、安全。

喷药防治：在虫卵高峰3 ～ 4天后，可用40亿个/克苏云金杆菌可湿性粉剂800倍液，或20%高效氯氟氰菊酯·氯虫苯甲酰胺悬浮剂1 500倍液、30%噻虫嗪·氯虫苯甲酰胺悬浮剂3 000倍液、40%噻虫嗪·氯虫苯甲酰胺水分散粒剂3 000倍液、5%虱螨脲乳油1 000 ～ 1 500倍液5%灭幼脲乳油1 000倍液、5%多杀霉素乳油1 000倍液、1.0%甲氨基阿维菌素苯甲酸盐乳油1 500 ～ 3 000倍液、2.5%高效氯氟氰菊酯水剂1 000倍液、5%氟铃脲乳油1 000倍液、48%多杀霉素乳油2 000倍液、24%虫螨腈悬浮剂3 000倍液喷雾。

七、不同栽培季节辣（甜）椒一生病害防控整体解决方案（大处方）

1.冬早春设施辣（甜）椒一生病害防控大处方（3～6月）

第一步：药液浸盘。定植前1～2天，10克35%噻虫嗪悬浮剂+10毫升6.25%咯菌腈·精甲霜灵悬浮剂对水15千克淋辣（甜）椒苗盘，防控蚜虫、烂根，促壮苗，预防病毒病传播。

第二步：撒药土。移栽时，每667米^{2}用30亿活芽孢/克枯草芽孢杆菌可湿性粉剂1 000克拌成药土顺定植沟撒施，刺激根系活性和缓苗、强健植株。

第三步：定植时，喷淋68%精甲霜灵·锰锌可分散粒剂500倍液，对土壤表面进行药剂封闭处理，即40～60克药对60升水，喷施穴坑或垄沟（此步防控辣椒茎基腐病和立枯病）。

第四步：移栽定植15天后，喷75%百菌清可湿性粉剂500倍液1次（保苗、预防各种早期真菌病害）。

第五步：10天后，用25%嘧菌酯（阿米西达）悬浮剂灌根1次，每瓶药即100毫升药剂对水10喷雾器灌667米^{2}地，主要是预防病害、壮秧，在盛果期保秧保果[此时辣（甜）椒为开花期]。

第六步：40～50天后，喷施50%醚菌环胺可分散粒剂1 200倍液喷1次，1袋药（100克）对3喷雾器水，防控灰霉病、菌核病。

第七步：14～20天后，每667米^{2}用32.5%吡唑萘菌胺·嘧菌酯悬浮剂30毫升+47%春雷·王铜可湿性粉剂100克对水45升喷施，防控白粉病、叶斑病和细菌性疮痂病、青枯病。

第八步：每667米^{2}用25%嘧菌酯（阿米西达）悬浮剂150～200毫升对水200～300升灌根；冲施或滴灌可以先对水50升稀释成母液，然后随浇水冲淋入行间沟中。结果期保驾护航，防病，防烂果。此后至收获均可不再施药防控。

2. 秋延后辣（甜）椒一生病害防控大处方（7～11月）

第一步：药液浸盘。定植前1～2天，用10克35%噻虫嗪悬浮剂+10毫升6.25%咯菌腈·精甲霜灵悬浮剂对水15升淋施辣椒苗盘，防控蚜虫、烂根，预防传播病毒病。

第二步：撒药土。移栽时，随定植沟撒施每667米^{2}用30亿活芽孢/克枯草芽孢杆菌可湿性粉剂1 000克拌适量细土撒于沟畦中，刺激根系活性和缓苗。

第三步：定植时，喷淋68%精甲霜灵·锰锌可分散粒剂500倍液，对土壤表面进行药剂封闭处理，即40～60克对60升水，喷施穴坑或垄沟（此步防控辣椒茎基腐病和立枯病）。

第四步：移栽定植约10天左右，每667米^{2}用25%嘧菌酯悬浮剂60毫升对水75升灌根。

第五步：45天后，每667米^{2}用32.5%吡唑萘菌胺·嘧菌酯悬浮剂30毫升+47%春雷·王铜可湿性粉剂100克对水45升喷施，防控白粉病、疫病、炭疽病和细菌性疮痂病等。

第六步：10天后，每667米^{2}用10%苯醚甲环唑可分散粒剂或32.5%嘧菌酯·苯醚甲环唑悬浮剂。10克或10毫升对水15升喷施。

第七步：10天后，每667米^{2}用25%嘧菌酯悬浮剂（阿米西达）100毫升，灌根或冲施均可，灌根对水150～200升，冲施或滴灌可以先对水50升稀释成母液，然后随浇水冲淋入行间沟中。

结果期保驾护航，此时已经搭建好核心产量健康植株，丰产丰收已有了可靠的保障。此后的50天直至收获均可不再施药防控。

3. 越冬辣（甜）椒一生病害防控大处方（11月至翌年5月）

第一步：药液浸盘。定植前1～2天，用10克35%噻虫嗪悬浮剂+10毫升6.25%咯菌腈·精甲霜灵悬浮剂对水15升淋施辣椒苗盘，防控蚜虫、烂根，预防传播病毒病。

第二步：撒药土。移栽时，每667米^{2}用30亿活芽孢/克枯草芽孢杆菌可湿性粉剂1～2千克拌细沙土撒于沟畦中，刺激根系活性和缓苗。

第三步：定植时，喷淋68%精甲霜灵·锰锌可分散粒剂500倍液，对土壤表面进行药剂封闭处理，即40～60克药对60升水，喷施穴坑或垄沟（此步防控辣椒茎基腐病和立枯病）。

第四步：移栽缓苗后，每667米^{2}用75%百菌清可湿性粉剂100克对水45升喷施。

第五步：10天后，每667米^{2}用32.5%吡唑萘菌胺·嘧菌酯悬浮剂10毫升对水15升喷施。

第六步：15天后，灌根。每667米^{2}用25%嘧菌酯悬浮剂（阿米西达）50～60毫升对90升水根施用药。冲施或滴灌可以先对水50升稀释成母液，然后随浇水淋入行间沟中。

第七步：50天后，灌根。每667米^{2}用25%嘧菌酯悬浮剂120～150毫升随水冲施或滴灌均可。灌根对水150～200升，冲施或滴灌可以先对水50升稀释成母液，然后随浇水冲淋入行间沟中。

第八步：60天后，用50%嘧菌环胺水分散粒剂1 200倍液喷施，防控冬季灰霉病、菌核病。

第九步：15天后，灌根。每667米^{2}用25%嘧菌酯（阿米西达）悬浮剂150～200毫升对水150～200升灌根，冲施或随滴灌施可以先对水50升稀释成母液，然后随浇水冲淋入行间沟中。此时为盛果期，可基本保持收获期植株健康，不必再施药直至收获完毕。

图166至图170，为实施保健性防控技术后设施辣（甜）椒田间长势。

八、生产中容易出现问题的环节处置方案（小处方）

1. 种子药剂包衣防病处方

用6.25%咯菌腈·精甲霜灵10毫升，对水150～200毫升可包衣3～4千克种子，可有效防治苗期立枯病、炭疽病、猝倒病；或50℃温水浸种20分钟后用75%百菌清可湿性粉剂浸泡30分钟后播种。

2. 苗床药土处方

取没有种过蔬菜的大田土与腐熟的有机肥按6∶4混匀，并按每立方米苗床土加入68%精甲霜灵·锰锌水分散粒剂100克和2.5%咯菌腈悬浮剂100毫升拌土一起过筛混匀。用处理后的土壤装营养钵或铺在育苗畦上，可以预防苗期立枯病、炭疽病和猝倒病，并在种子播种覆土后，用68%精甲霜灵·锰锌水分散粒剂400倍液喷洒苗床表面，进行封闭。有较好的预防苗期病害的作用。

3. 穴盘营养基质消毒处方

穴盘营养基质按体积计算草炭∶蛭石为2∶1，每立方米基质加入氮、磷、钾比例为15∶15∶15的三元复合肥1～1.5千克（如果是冬春季节育苗，每立方米基质或1 000千克基质要加入氮∶磷∶钾为15∶15∶15的复合肥2千克），同时加入100克68%精甲霜灵·锰锌可分散粒剂和100毫升2.5%咯菌腈悬浮剂做杀菌处理。

4. 农家肥的发酵处理

将未腐熟的鸡、鸭、马、牛、猪粪在卸车时掺入腐菌酵素，每2～3米^{3}农家肥+500千克粉碎后的秸秆+腐菌酵素1袋

（2千克）拌匀，用废弃的塑料膜或泥土盖好封严，10 ~ 15天即可完全发酵，而后随时使用，不会产生肥害。

5. 新建棚室土壤改良方案

每667米^{2}用6 ~ 8米^{3}农家肥加6千克腐菌酵素混合均匀施于棚内，深耕土壤可改良新建棚室土壤通透性及活性。7 ~ 10天后可定植作物。

6. 高温闷棚杀菌处理程序

对于连年重茬种植蔬菜的棚室，要想保持作物的生长环境，必须高度保持土壤的有机质含量和土壤的吸附活性，建立可持续种植的植物生长环境。其步骤是：

洁净棚室：在6 ~ 7月，上茬作物收获后，清除作物残体，除尽田间杂草，运出棚外集中深埋或烧毁。

铺施闷棚填充物：铺撒作物秸秆及农作物废弃物。将作物秸秆如玉米秸、麦秸、稻秸等利用器械截成3 ~ 5厘米的寸段，玉米芯、废菇料等粉碎后，以每667米^2 1 000 ~ 3 000千克用料量均匀地铺撒在棚室内的土壤或栽培基质表面。

铺施有机肥：用量可根据土壤肥力、下茬作物种类及种植模式选择决定。将鸡粪、猪粪、牛粪等腐熟或半腐熟的有机肥每667米^{2}3 000 ~ 5 000千克，均匀铺撒在秸秆或麦秸等松软物上，也可与作物秸秆充分混合后铺撒。同时拌入氮、磷、钾有效含量为15 ：15 ：15的三元复合肥30千克或磷酸二铵15千克（也可用10千克尿素加40千克过磷酸钙）和硫酸钾15千克。

撒施速腐剂：施入速腐剂如腐菌酵素，每3米^{3}混用2千克，深翻25 ~ 40厘米，后整地做成利于灌溉的平畦。

灌水：已施入农家肥、秸秆、尿素和速腐剂的棚室，再灌水至土壤充分湿润，相对湿度达到85%左右（地表无明水，用手攥土团不散即可）。

双层覆盖：地面覆盖的，可选用地膜或其他塑料薄膜覆盖地面。密封各个接缝处。棚室覆盖的，封闭棚室并检查棚膜，修补破口漏洞，并保持清洁和良好的透光性。

闷棚时间：密闭后的棚室，保持棚内高温高湿状态25～30天，其中至少有累计15天以上的晴热天气。高温闷棚期间应防止雨水灌入棚室内。闷棚可以持续到下茬作物定植前5～10天。

揭膜晾棚：打开通风口，揭去地膜晾棚。待地表干湿合适后，可整地做畦为下茬作物栽培做准备。

7. 越冬栽培的补光充氮措施

北方冬季昼短夜长，设施蔬菜生长受到制约，尤其是在阴霾天、雨雪连阴天，植株长期生存在弱光阴冷环境下，一旦天气晴好，作物时常发生生理性萎蔫，恢复生长状态缓慢而艰难。生产中常用补充灯光照射和墙体贴反光膜来增加光照，延长白昼时间，效果比较理想。方法是：架设植物生长灯，每5延长米架设一盏，早晚各延长灯光照射2小时，同时在后墙上铺贴反光膜，以增加日光照射。同时架设二氧化碳释放器，增强植株光合作用，促进设施蔬菜健壮生长。

8. 种植后的肥害补救方案

（1）底肥已经施入未腐熟农家肥的补救。设施蔬菜定植前，若已经施入未腐熟农家肥，可追施腐菌酵素，按照每2～3米^{3}未腐熟农家肥掺入2千克腐菌酵素的比例撒施，旋耕后浇小水，3天后即可定植。棚室内无臭味熏棚。

（2）苗期农家肥烧苗的补救。用30亿活芽孢/克枯草芽孢杆菌500倍液灌根，每667米^{2}用药200克在苗期第一次浇灌时随水冲施。或每667米^{2}大棚使用4千克腐菌酵素，补充土壤中优质微生物，减轻农家肥烧苗现象。

（3）定植后肥害的补救。底施生粪造成烧苗，可用腐菌酵素缓解肥害，每2千克腐菌酵素可随水冲施3分地；或利用腐菌酵素灌根，每2千克腐菌酵素对50千克水，灌1 000棵苗；或用2 000倍液的地福来海藻菌液浇灌，可缓解秧苗肥害。

9. 幼苗壮秧防病

蔬菜幼苗出齐长出真叶后，可以对其进行健壮防病生物菌药处理。即采用生物激活剂55%益施帮水乳剂500倍液喷施，或用30亿个活芽孢/克枯草芽孢杆菌200倍液淋灌幼苗，可起到抗寒保苗促壮作用。提示：不提倡使用化学农药，以避免对幼苗造成伤害。

10. 育苗期防控病毒病

首先，设施棚室风口加设50目防虫网；其次，棚室内设置黄板诱杀传毒媒介害虫，每667米^{2}设30块；第三，用强内吸杀虫剂35%噻虫嗪悬浮剂2 000 ～ 3 000倍液喷淋幼苗，使药液除叶片以外还要渗透到土壤中。农民自己的育苗畦可用喷雾器直接淋灌，持续有效期可达30天以上，有很好的防治传毒媒介害虫的作用。

11. 秧苗抗寒、解药害、阴霾天气植株生长调理措施

设施蔬菜在弱光、寒冷、药害等极端条件下经常会生长异常。可以使用生物营养液调节，增强植株肥水吸收活力，同时可尝试选用生物活性动力素益施帮500倍液，或内源生长调节剂赤·吲乙·芸2 000倍液喷施叶片，可收到一定效果。

12. 移栽苗防茎基腐病（黑脚脖病）

定植前用药剂封闭土壤表面，即配制68%精甲霜灵水分散粒剂500倍液，或使用6.25%咯菌腈·精甲霜灵悬浮剂500倍液，对定植田间进行封闭土壤表面喷施，而后进行秧苗定植，这种方法是当前菜农科技示范户在实践中总结出来的最有效的防控茎基腐病（黑脚脖病）的经验。

九、辣（甜）椒主要生育期病虫害防治历

生育期	易发病虫害	防治对策	栽培模式	绿色防控药剂救治
育苗/定植前	猝倒病、立枯病，炭疽病、根腐病	土壤消毒，采用一次性无菌基质土，生物农药1 : 100的比例	穴盘育苗 营养钵育苗 阳畦	50千克苗床土加20克68%精甲霜灵·锰锌水分散粒剂和10毫升2.5%咯菌腈悬浮剂拌土过筛混匀，可装营养钵或铺育苗畦上 30亿活芽孢/克枯草芽孢杆菌可湿性粉剂200倍液淋盘
	寒害 烟害 肥害	保暖、除湿 采用无烟煤或暖道式采暖 降低至生长季节使用浓度的1/2	越冬栽培、冬春定植、越冬栽培、育苗	30亿活芽孢/克枯草芽孢杆菌可湿性粉剂200倍液，或55%益施帮水乳剂400倍液喷施、3.4%赤·吲乙·芸可湿性粉剂7 500倍液、90%氨基酸复微肥500倍液喷施
移栽定植	茎基腐病 根腐病	种植沟穴封闭土壤杀菌，降湿 定植前沟施药剂	越冬栽培、冬春茬栽培、早春栽培、冬早春季茬口 设施温室	68%精甲霜灵·锰锌水分散粒剂600倍液，或6.25%精甲霜灵·咯菌腈悬浮剂800倍液、72.2%霜霉威水剂800倍液、68.75%氟吡菌胺·霜霉威盐酸盐水剂800倍液浸盘或淋灌或喷施 30亿芽孢/克枯草芽孢杆菌可湿性粉剂300倍液喷淋
	寒害	多层膜保温。注意降低湿度		3.4%赤·吲乙·芸可湿性粉剂7 500倍液，或90%氨基酸复微肥400倍液喷施
	线虫病	定植前沟施药剂		10%噻唑膦颗粒剂每667米^2 1.5千克沟施
	蚜虫 烟粉虱	药液浸盘，土壤表层药剂处理，药剂淋灌	冬早春栽培、春提前栽培、春季栽培	35%噻虫嗪悬浮剂3 000倍液喷淋或淋根 设置防虫网，设置黄板诱杀

（续）

生育期	易发病虫害	防治对策	栽培模式	绿色防控药剂救治
开花期	灰霉病	根施嘧菌酯整体防控 花期喷施药剂预防	越冬栽培、春季栽培、弱光露地栽培	50%咯菌腈可湿性粉剂3 000倍液，或50%嘧菌环胺水分散粒剂1 200倍液、50%乙霉威可湿性粉剂600倍液，50%啶酰菌胺可湿性粉剂1 000倍液
	菌核病	根施嘧菌酯整体防控		25%嘧菌酯悬浮剂1 500倍液灌根，每667米^{2}用药60～100毫升，或50%啶酰菌胺可湿性粉剂1 000倍液、32%吡唑萘菌胺·嘧菌酯悬浮剂1 200倍液喷施
	疫病	早期整体防控设施栽培的根施嘧菌酯 及时喷药		68%精甲霜灵·锰锌水分散粒剂600倍液，或72.2%霜霉威水剂800倍液、68.75%氟吡菌胺·霜霉威盐酸盐水剂800倍液喷施或喷淋
	病毒病 烟粉虱 蚜虫 蓟马	灭蚜虫、蓟马、白粉虱 吊挂诱集黄、蓝板诱杀传毒害虫。培养壮秧，早起身，早封垄	春季栽培 秋冬季茬口	24.7%高效氯氟氰菊酯·噻虫嗪微囊悬浮-悬浮剂1 200倍液，或35%噻虫嗪悬浮剂3 000倍液、10%吡虫啉可湿性粉剂1 000倍液喷施
坐果期、盛果期	灰霉病	对灰霉病幼果表面进行病菌绝杀	冬春栽培、春季栽培、大拱棚栽培	50%咯菌腈可湿性粉剂3000倍液，或50%嘧菌环胺水分散粒剂1 200倍液、50%乙霉威可湿性粉剂600倍液、50%啶酰菌胺可湿性粉剂1 000倍液
	疫病	保健性防控二次施用嘧菌酯灌根	任何种植模式	68%精甲霜灵·锰锌水分散粒剂600倍液，或72.2%霜霉威水剂800倍液、68.75%氟吡菌胺·霜霉威盐酸盐水剂800倍液喷施或喷淋

（续）

生育期	易发病虫害	防治对策	栽培模式	绿色防控药剂救治
坐果期、盛果期	炭疽病 白粉病	灌根嘧菌酯早期防控	露地栽培、春季露地、越冬栽培后期	32.5%嘧菌酯·苯醚甲环唑悬浮剂1 000倍液，或32%吡唑萘菌胺·嘧菌酯悬浮剂1 200倍液、10%苯醚甲环唑水分散粒剂1 000倍液喷施
	青枯病		露地，夏季套种栽培模式	25%嘧菌酯悬浮剂1 500倍液+47%春雷·王铜可湿性粉剂400倍液，或25%嘧菌酯悬浮剂+30%噻唑锌可湿性粉剂400倍液、40%氢氧化铜可湿性粉剂800倍液、32.5%苯醚甲环唑·嘧菌酯悬浮剂1 000倍液喷施
	蚜虫、烟粉虱、鳞翅目害虫			14%高效氯氟氰菊酯·氯虫苯甲酰胺悬浮剂1 500倍液、30%噻虫嗪·氯虫苯甲酰胺悬浮剂1 500倍液喷施
	线虫病	定植前高温闷棚后撒施		10%噻唑膦颗粒剂每667米^2 1.5千克撒施
收获期	疫病	喷施	春季栽培、大拱棚栽培、冬早春大棚栽培、露地栽培	25%嘧菌酯悬浮剂1 500倍液，或68%精甲霜灵·锰锌水分散粒剂600倍液、72%霜脲·锰锌可湿性粉剂700倍液、68.75%氟吡菌胺·霜霉威盐酸盐水剂800倍液喷施或喷淋
	白粉病			32%吡唑萘菌胺悬浮剂1 500倍液，或10%苯醚甲环唑水分散粒剂800倍液、42.8%氟吡菌酰胺·肟菌酯悬浮剂1 500倍液
	青枯病	雨前雨后尽快喷施	露地	47%春雷·王铜可湿性粉剂400倍液，或25%噻唑锌可湿性粉剂400倍液、40%氢氧化铜可湿性粉剂600倍液

（续）

生育期	易发病虫害	防治对策	栽培模式	绿色防控药剂救治
收获期	淹害死秧	积水清除后尽快根灌生物激活剂	露地，保护地偶发	每667米^{2}根施海藻菌生物肥液1～2千克，或55%氨基酸复微肥液500毫升、6.25%精甲霜灵·咯菌腈悬浮剂150～200毫升
	蚜虫、白粉虱、鳞翅目害虫			14%高效氯氟氰菊酯·氯虫苯甲酰胺悬浮剂1 500倍液，或30%噻虫嗪·氯虫苯甲酰胺悬浮剂1 500倍液

十、辣（甜）椒易发生理性病害补救措施一览表

生理病害	原因	对策	施用剂量及调节药剂
缺氮	施肥不足，土质流失过大	增施有机肥，叶面喷施55%益施帮水剂、叶绿宝	底肥冲施含氮复合肥，喷施55%益施帮水剂、叶绿宝、叶优优
氮过剩	肥水管理不当	加施磷、钾肥，增加灌水，淋失硝态氮	增施生物有机肥，冲施海藻菌肥
缺磷	在酸性土壤中镁易被固定，影响磷被吸收	补施磷肥，加施镁肥	磷酸二氢钾0.3%～0.5% 底肥施足磷肥
磷过剩	磷只能被吸收20%～30%，过量磷肥	补施锌、锰、铁及氮钾肥	螯合锌、螯合镁、螯合铁等
缺钾	黏质和沙性土壤，钾易被固定	补施钙、镁，施磷酸二氢钾	增施高钾卡丁肥、生物钾肥。施磷酸二氢钾、螯合镁
钾中毒	抑制了镁吸收	流水灌溉，施镁肥	康培营养素、绿芬威、螯合镁、海藻菌缓解
缺钙	酸性土壤，化肥田，盐渍化土壤	调节pH，施石灰粉，叶喷肥、秸秆还田	50%镁钙镁、绿得钙、0.3%氯化钙液、康培营养素、螯合钙
钙中毒	土壤碱性，各种元素都缺	使用酸性肥料，增加灌水次数	硫酸铵、硫酸钾、氯化钾、花果宝
缺镁	酸性土壤，钾过量，阳离子易被固定	改良土壤，叶面喷施补镁	50%镁钙镁叶面肥、1%～2%硫酸镁液、康培营养素、螯合镁、果优优、花果宝
镁中毒	土壤盐渍化，镁被固定	除盐、浇水。下茬种高粱	增施有机肥

（续）

生理病害	原因	对策	施用剂量及调节药剂
缺硼	有机肥少，土壤碱性大，降低硼吸收	增施有机肥，补硼	喷施新禾硼、持力硼、昆卡微量元素套餐包
硼中毒	污染，施硼肥过量	灌大水，种耐硼蔬菜，番茄、甘蓝、萝卜	增加土壤通透性，加大秸秆还田
缺铁	碱性、盐性土壤。土过干、过湿及低温	改良土壤，雨后排水，补铁，叶施	55%益施帮水剂400倍液 氨基酸复合微肥400倍液、0.1%～0.2%硫酸亚铁或氯化铁液
铁中毒	人为过量施用或微生物活动$Fe^{+3}\rightarrow Fe^{+2}$	增施钾肥，提高根的活性	康培营养素、绿芬威等
缺锰	酸性、盐类土	补施锰肥，氧化锰、硫酸锰，叶施	55%益施帮水剂400倍液 氨基酸复合微肥400倍液、0.1%～0.3%硫酸锰液或0.1%氯化锰
锰中毒	污染、淹水、酸性土	施石灰质肥料，增施磷肥、高畦栽培	55%益施帮水剂400倍液 氨基酸复合微肥400倍液、0.02%钼酸钠液
缺钼	锰多钼缺，酸性土，铁多土壤偏酸	加石灰质肥料，补钼，叶施	55%益施帮水剂400倍液 氨基酸复合微肥400倍液、0.02%钼酸钠液、康培营养素
钼中毒	含“三废”土壤污染	适当补施硫酸亚铁肥	康培营养素 洗田，晾垡
缺锌	高碱性土，磷肥过多	调节pH6.5、补锌	55%益施帮水剂400倍液 氨基酸复合微肥400倍液或0.3%硫酸锌或康培营养素

（续）

生理病害	原因	对策	施用剂量及调节药剂
锌中毒	环境污染、土壤酸性	增施有机肥，改良土壤、换土	增施农家肥
缺铜	土壤中活性铜被吸附或螯合	叶施0.2%～0.4%硫酸铜液	加施含铜农药，波尔多液等
铜中毒	污染、人为过量施用含铜化合物、土壤碱化	施绿料，增施铁、锰、锌肥	55%益施帮水剂400倍液 氨基酸复合微肥400倍液，增施生物菌肥 康培营养素
缺硫	长期施用无硫酸根的肥料	施用硫酸氨铵、硫酸钾等含硫化肥	55%益施帮水剂400倍液 氨基酸复合微肥400倍液、康培营养素2号
硫中毒	硫酸性肥料过多、工业区酸雨影响	按盐渍化土壤处理，改良土壤	增施农家肥

十一、常用农药通用名称与商品名称对照表

作用类型	商品名称	通用名称	剂型	含量（%）	主要生产厂家
杀菌剂	金雷	精甲霜灵·锰锌	水分散粒剂	68	先正达
杀菌剂	瑞凡	双炔菌酰胺	悬浮剂	25	先正达
杀菌剂	银法利	氟吡菌胺·霜霉威盐酸盐	水剂	68.75	拜耳
杀菌剂	世高	苯醚甲环唑	水分散粒剂	10	先正达
杀菌剂	适乐时	咯菌腈	悬浮剂	2.5	先正达
杀菌剂	达克宁	百菌清	可湿性粉剂	75	先正达
杀菌剂	多菌灵	多菌灵	可湿性粉剂	50	江苏新沂
杀菌剂	甲基托布津	甲基硫菌灵	可湿性粉剂	70	日本曹达、国内企业等
杀菌剂	克抗灵	霜脲·锰锌	可湿性粉剂	72	河北科绿丰
杀菌剂	霜疫清	霜脲·锰锌	可湿性粉剂	72	国内企业
杀菌剂	杀毒矾	噁霜·锰锌	可湿性粉剂	64	先正达
杀菌剂	普力克	霜霉威	水剂	72.2	拜耳
杀菌剂	阿米西达	嘧菌酯	悬浮剂	25	先正达
杀菌剂	大生	代森锰锌	可湿性粉剂	80	陶氏
杀菌剂	阿米多彩	嘧菌酯·百菌清	悬浮剂	56	先正达
杀菌剂	农利灵	农利灵	干悬浮剂	50	巴斯夫
杀菌剂	多霉清	乙霉威·多菌灵	可湿性粉剂	50	保定化八厂
杀菌剂	利霉康	乙霉威·多菌灵	可湿性粉剂	50	河北科绿丰
杀菌剂	阿米妙收	苯醚甲环唑·嘧菌酯	悬浮剂	32.5	先正达
杀菌剂	加瑞农	春雷·王铜	可湿性粉剂	47	新加坡利农
杀菌剂	细菌灵	链霉素·琥珀铜	片剂	25	齐齐哈尔
杀菌剂	凯泽	啶酰菌胺	可湿性粉剂	50	巴斯夫

（续）

作用类型	商品名称	通用名称	剂型	含量（%）	主要生产厂家
杀菌剂	阿克白	烯酰吗啉	可湿性粉剂	50	巴斯夫
杀菌剂	百泰	吡唑醚菌酯·代森联	水分散粒剂	65	巴斯夫
杀菌剂	克露	霜脲锰锌	可湿性粉剂	72	杜邦
杀菌剂	绿妃	吡唑萘菌胺·嘧菌酯	悬浮剂	32.5	先正达
杀菌剂	露娜森	氟吡菌酰胺·肟菌酯	悬浮剂	42.8	拜耳
杀菌剂	健达	氟唑菌酰胺·吡唑醚菌酯	悬浮剂	42.4	巴斯夫
杀菌剂	链霉素	农用硫酸链霉素	可湿性粉剂		河北科诺
杀菌剂	萎菌净	枯草芽孢杆菌	可湿性粉剂	30亿活芽孢	河北科绿丰
杀菌剂	恶霉灵	敌克松·多菌灵	可湿性粉剂	98	山东企业
杀菌剂	爱苗	丙环唑·苯醚甲环唑	乳油	25	先正达
杀菌剂	可杀得	氢氧化铜	可湿性粉剂	77	美国杜邦
杀菌剂	凯润	吡唑醚菌酯	乳油	25	巴斯夫
杀菌剂	品润	代森锌	干悬浮剂	70	巴斯夫
杀菌剂	福气多	噻唑磷	颗粒剂	10	浙江石原
杀菌剂	施立清	噻唑磷	颗粒剂	10	河北威远
杀菌剂	速克灵	腐霉利	可湿性粉剂	50	日本住友
杀菌剂	路富达	氟吡菌酰胺	悬浮剂	41.7	拜耳
植物生长调节剂	九二〇	赤霉素	晶体	75	上海同瑞
植物生长调节剂	益施帮	氨基酸活性剂	水剂	55	先正达
植物生长调节剂	碧护	赤·吲乙·芸	可湿性粉剂	3.4	德国马克普兰
杀虫剂	阿克泰	噻虫嗪	水分散粒剂	25	先正达
杀虫剂	锐胜	噻虫嗪	悬浮剂	35或70	先正达

（续）

作用类型	商品名称	通用名称	剂型	含量（%）	主要生产厂家
杀虫剂	美除	虱螨脲	乳油	5	先正达
杀虫剂	四螨嗪	联苯菊酯	乳油	70	富美食公司国内企业
杀虫剂	吡虫啉	吡虫啉	可湿性粉剂/乳油	10	威远生化/江苏红太阳等
杀虫剂	虫螨克星	阿维菌素	乳油	1.8	威远生化
杀虫剂	帕力特	虫螨腈	悬浮剂	24	巴斯夫
杀虫剂	功夫	高效氯氟氰菊酯	水剂	2.5	先正达
杀虫剂	度锐	噻虫嗪·氯虫苯甲酰胺	悬浮剂	30	先正达
杀虫剂	福戈	噻虫嗪·氯虫苯甲酰胺	水分散粒剂	40	先正达
杀虫剂	美除	虱螨脲	乳油	5	先正达
杀虫剂	艾绿士	乙基多杀霉素	水分散粒剂	48	陶氏
杀虫剂	可立施	氟啶虫胺腈	水分散粒剂	50	陶氏